Druck von Georg Reimer, Berlin.

Internationaler Luftschiffer-Verband

= I. L.-V. =

(Fédération Aéronautique Internationale)

(= F. A. I. =)

begründet am 14. Oktober 1905.

Satzungen und Reglements.

Aus dem Französischen übertragen

von

Eberhard v. Selasinsky, und **Dr. Hermann Stade,**

Leutnant im Infanterie-Regiment 117, kommand. zur Kriegsakademie,

Observator am Kgl. Preuß. Meteorolog. Institut.

Mit einem Nachtrag:

Reglement für den Gordon-Bennett-Preis.

Straßburg und Berlin.

Verlag von Karl J. Trübner.

1908.

Das

Sekretariat des Intern. Luftschiffer-Verbandes

befindet sich:

Paris (Elysée)

Faubourg Saint-Honoré 84.

Geschichtliches.

Der Internationale Luftschiffer-Verband wurde am 14. Oktober 1905 in Paris begründet.

Die Originalsatzungen und Reglements wurden an diesem Tage von Vertretern der folgenden Länder unterzeichnet, und zwar waren anwesend für:

Belgien: Herren Ed. Heirman, Fernand Jacobs, Delegierte des Belgischen Aero-Klubs;

Deutschland: Herren Dr. Bamler, Geh. Regierungsrat Professor Busley, Professor Hergesell, Freiherr v. Hewald, Major Mödebeck, Major v. Parseval, Delegierte des Deutschen Luftschiffer-Verbandes;

Frankreich: Herren Léon Barthou, Georges Besançon, Kais. Hoh. Prinz Roland Bonaparte, Graf Georges de Castillon de Saint Victor, Hauptmann Ferber, Emile Janets, Graf Henry de la Vaulx, Major Paul Renard, Paul Rousseau, Edouard Surcouf, Paul Tissandier, Delegierte des Französischen Aero-Klubs;

Großbritannien: Herr Prof. Huntington, Delegierter des Aero-Klubs des Vereinigten Königreichs;

Italien: Herr Chevalier Pesce, Delegierter der Italienischen Luftschiffahrts-Gesellschaft;

Schweiz: Herr Oberst Schaeck, Delegierter des Schweizer Aero-Klubs;

Spanien: Herr Oberst Echagüe, Delegierter des Königl. Spanischen Aero-Klubs;

Vereinigte Staaten: Herr Lawrence Rotch, Delegierter des Amerikanischen Aero-Klubs.

Konferenzen.

Die erste Konferenz des Internationalen Luftschiffer-Verbandes wurde am 12., 13. und 14. Oktober 1905 zu Paris abgehalten.

Der Vorstand setzte sich wie folgt zusammen:

Ehrenpräsident: Herr L. Cailletet (Frankreich), Mitglied der Akademie.

Präsident: S. Kais. Hoheit Prinz Roland Bonaparte (Frankreich).

Vize-Präsidenten: Herren Prof. Busley (Deutschland), Fern. Jacobs (Belgien), Graf de la Vaulx (Frankreich).

Schriftführer: Herr Georges Besançon (Frankreich).

Berichterstatter: Herr Ed. Surcouf (Frankreich).

Schatzmeister: Herr Paul Tissandier (Frankreich).

Die zweite Konferenz fand am 15. Oktober 1906 zu Berlin, die dritte am 13. und 14. September 1907 zu Brüssel statt.

Auf der letzteren wurde als vierter Vize-Präsident Herr R. W. Wallace (England) gewählt und das Amt des Berichterstatters mit Rücksicht auf die Wahl von London zum nächsten Versammlungsort Herrn H. Perrin (London) übertragen.

SATZUNGEN

Satzungen
des Internationalen Luftschiffer-Verbandes.
(Fédération Aéronautique Internationale.)

Artikel 1. Unter dem Namen „Internationaler Luftschiffer-Verband" ist eine internationale Vereinigung zwischen den Verbänden und Klubs begründet worden, die den Luftschiffahrtssport in den verschiedenen Ländern betreiben.

Für jedes Land wird nur eine einzige Sportmacht anerkannt.

Diese Verbände und Klubs erklären sich zur Annahme der nachfolgenden Satzungen bereit:

Die Grundlagen des I. L.-V. sind folgende:

A. Anerkennung der nationalen Reglements und persönlichen Satzungen jedes einzelnen angegliederten Verbandes oder Klubs.

B. Reglementierung der Wettbewerbe durch zwei Arten von Satzungen: 1. persönliche Satzungen; 2. sachliche Satzungen.

1. Persönliche Satzungen.

Artikel 2. Die Ausbildung und die Befugnisse jedes einzelnen Luftschiffers oder Führers der verbündeten Nationen werden durch nationale Vorschriften oder in deren Ermangelung durch die Anordnungen bestimmt, die in allen dem I. L.-V. angehörigen Ländern im Gebrauch sind.

2. Sachliche Satzungen.

Artikel 3. Die nationalen Reglements für Wettbewerbe und Rekorde sind in jedem Land des I. L.-V. vorschriftlich für jeden Luftschiffer ohne Rücksicht auf seine Nationalität.

Zweck des I. L.-V.

Artikel 4. Der I. L.-V. soll sich mit der Luftschiffahrt, mit ihrer internationalen Reglementierung und, unter Zustimmung des angegliederten Verbandes oder Klubs der beteiligten Nation, mit gelegentlich stattfindenden internationalen Wettbewerben beschäftigen.

Der I. L.-V. soll auch Meinungsverschiedenheiten, die zwischen den ihm angehörigen Verbänden oder Klubs eintreten könnten, ohne Berufung entscheiden.

Verwaltung.

Artikel 5. Die Verwaltung des I. L.-V. übernimmt der Vorstand, der sich zusammensetzt aus einem Präsidenten, vier Vizepräsidenten, einem Schriftführer, einem Berichterstatter und einem Schatzmeister.

Der Vorstand ist jedes Jahr während der Konferenz neu zu wählen.

Wenn im Laufe des Jahres Vakanzen eintreten, so hat sich der Vorstand durch Zuwahl zu ergänzen.

Der I. L.-V. kann zum Studium besonderer Fragen Spezialkommissionen ernennen.

Sitz.

Artikel 6. Der Sitz des I. L.-V. befindet sich in derjenigen Stadt, in welcher der Schriftführer wohnt.

Konferenzen.

Artikel 7. Alljährlich findet eine Konferenz der Delegierten der angegliederten Verbände und Klubs statt.

Artikel 8. Die Gegenwart des Schriftführers des I. L.-V. ist bei allen Konferenzen obligatorisch.

Die ihm erwachsenden Unkosten werden aus der Kasse des I. L.-V. bezahlt.

Artikel 9. Auf Verlangen von vier Nationen ist durch den Vorstand des I. L.-V. eine außerordentliche Konferenz zusammenzuberufen, und zwar innerhalb eines Monats nach Eingang des Gesuchs und an dem Ort, an dem die vorhergehende stattgefunden hat.

Artikel 10. Auf die Tagesordnung der gewöhnlichen Konferenzen des I. L.-V. werden alle diejenigen Fragen gesetzt, welche dem Schriftführer bis einen Monat vor dem Zeitpunkt der Konferenz eingesandt worden sind.

Alle zur Erörterung gestellten Änderungen oder Bemerkungen, die nicht auf die Tagesordnung gesetzt sind, können nur unter der Bedingung zur Besprechung gelangen, daß sie von den Delegierten von wenigstens zwei angegliederten Verbänden oder Klubs vorgebracht werden.

Artikel 11. Die Aufnahmegesuche zum I. L.-V. sind an den leitenden Vorstand zu richten, der sie der nächsten Konferenz zu unterbreiten hat. Die vorläufige Zulassung kann bis zur Bestätigung durch die Konferenz vom Vorstande ausgesprochen werden.

Artikel 12. Jeder Delegierte kann nur einen einzigen Verband oder Klub vertreten.

Artikel 13. Der Ausschluß aus dem I. L.-V. kann gegen einen angegliederten Klub oder Verband nur mit $\frac{2}{3}$ Mehrheit der auf der Konferenz vertretenen Stimmen ausgesprochen werden.

Beitrag.

Artikel 14. Der Beitrag, der jedes Jahr durch die Konferenz bestimmt wird, ist für das Sportsjahr 1907/08 auf 100 Francs festgesetzt. Die angegliederten Verbände und Klubs, welche über mehr als drei Stimmen verfügen, bezahlen einen Beitragszuschuß von 50 Francs für je drei weitere Stimmen oder über die Zahl drei hinausgehende Bruchteile von drei Stimmen. Der Beitrag ist im voraus zahlbar.

Stimmen.

Artikel 15. Jeder auf der Konferenz vertretene Verband hat, je nach seiner Bedeutung, für welche das in seinem Lande in der Zeit vom 1. Januar bis 31. Dezember des vorhergehenden Jahres verbrauchte Gasvolumen den Maßstab abgibt, das Recht auf eine gewisse Anzahl von Stimmen, die bei seiner endgültigen Aufnahme bestimmt wird. Dieses Stimmenverhältnis ist gegenwärtig festgesetzt auf eine Stimme für je 25000 cbm Gas, welche seitens der Mitglieder des Verbandes oder Klubs jeder zugehörigen Nation verbraucht wurden.

Die Gesamtstimmenzahl, die einer Nation zusteht, einschließlich ihrer Kolonien oder Nebenländer, soll die Zahl 12 niemals überschreiten.

Artikel 16. Am 13. September 1907 war die Liste der zum I. L.-V. gehörenden Verbände und Klubs die folgende:

Namen	Stimmen
Aéroclub de France	12
Deutscher Luftschiffer-Verband	12
Aéroclub de Belgique	6
Societa Aeronautica Italiana	6
Real Aeroclub de España	5
Aeroclub of the United Kingdom ..	9
Schweizer Aeroklub	2
Aeroclub of Amerika	2
Svenska Aeronautiska Sallskapet ..	1

Artikel 17. Die Stimmenverteilung kann jedes Jahr bei der Konferenz revidiert werden.

Artikel 18. Jede Nation kann bei der Konferenz durch ebensoviele Delegierte vertreten werden als sie Stimmen hat. Ein Delegierter kann mehrere Stimmen für denselben Verband oder Klub abgeben.

Artikel 19. Als Land, das in dem I. L.-V. vertreten werden kann, versteht man eine Nation im eigentlichen Sinne mit Einschluß ihrer Nebenländer und Kolonien.

Beitritt.

Artikel 20. Der Verband oder Klub, der dem I. L.-V. beizutreten wünscht, hat an den Schriftführer des I. L.-V. ein bezügliches Gesuch zu richten, dem zwei Exemplare der Satzungen, zwei Exemplare des Reglements für Wettbewerbe und Rekorde und, wenn vorhanden, Modelle von Medaillen und Führerpatenten beizufügen sind.

Wettbewerbe.

Artikel 21. Alljährlich wird durch den I. L.-V. in derjenigen Stadt, welche durch die vorhergehende Konferenz bestimmt worden ist, ein Wettfliegen veranstaltet, unter Berücksichtigung von Artikel 4, erster Absatz.

Verordnungen.

Artikel 22. Sind Strafen durch die zuständige Autorität eines der Verbände oder Klubs des I. L.-V. gegen einen seiner Luftschiffer oder einen seiner Führer oder gegen einen Luftschiffer oder Führer eines fremden Landes, der an einem Wettbewerb in dem betr. Lande teilnimmt, ausgesprochen, so sind sie von allen Verbänden und Klubs des I. L.-V. als verbindlich anzuerkennen.

Artikel 23. Ist ein Luftschiffer oder Führer disqualifiziert oder suspendiert, so trifft ihn diese Strafe in vollstem Maße von dem Tage ab, an dem sie bekannt gemacht ist, und alle Abmachungen, auch die früheren, welche er eingegangen ist, werden für null und nichtig erklärt.

Artikel 24. Alle Verbände oder Klubs, welche Strafen zu verzeichnen haben, sind verpflichtet, sie unverzüglich dem Schriftführer des I. L.-V. mitzuteilen; dieser hat sie den Verbänden und Klubs bekanntzugeben, welche sie ihrerseits möglichst bald ihren angegliederten Vereinen und allen ihren Mitgliedern anzeigen.

Lizenzen und Patente.

Artikel 25. Die Eigenschaft als Führer wird durch Diplome anerkannt.

Artikel 26. Die Führer müssen ihr Patent stets in dem Verbande oder Klub nehmen, welchem sie angehören.

Artikel 27. Kein Verband oder Klub darf einem Führer erlauben, verschiedene Pseudonyme anzunehmen.

Artikel 28. Jeder Verband oder Klub kann gelegentlich eines Wettbewerbes oder irgendeines Versuches ein Führerpatent für bestimmte Zeit ausstellen, jedoch nur für diesen einzelnen Versuch, und zwar an jedermann, dessen aeronautische Fachkenntnisse er für ausreichend hält.

Rekorde.

Artikel 29. Der Schriftführer des I. L.-V. hält die Liste der nationalen Rekorde auf dem Laufenden nach den Dokumenten, welche ihm von jedem Verbande oder Klub zu liefern sind.

Artikel 30. Die Weltrekorde müssen nach den den vorliegenden Satzungen angegliederten internationalen Reglements für Wettflüge, Wettbewerbe und Rekorde geprüft werden.

Satzungsänderung.

Artikel 31. Änderungen vorstehender Satzungen sind nur möglich, wenn zwei Verbände oder Klubs sie wenigstens einen Monat vor der Konferenz beantragen, damit sie auf die Tagesordnung gesetzt werden können.

Zur Annahme dieser Änderungen sind zwei Drittel der auf der Konferenz vertretenen Stimmen erforderlich.

REGLEMENTS

Allgemeine Übersicht.

Anhänge.[1])

[1]) Alle Anhänge sind lediglich als Anleitungen zu betrachten.

Inhaltsverzeichnis des allgemeinen Reglements.

Abschnitt I.

Allgemeine Bestimmungen.

Seite

Abschnitt II.

Wettfahrten für Freiballons.

Klasse A.

Abschnitt III.

Wettbewerbe für Motorballons.

Klasse B.

Abschnitt IV.

Abschnitt V.

Abschnitt VI.

Inhaltsverzeichnis des Anhangs Nr. 9.

Inhaltsverzeichnis des Anhangs Nr. 10.

Nachtrag:

Allgemeines Reglement.

Aeronautische Wettbewerbe und Rekorde.

Abschnitt I.

Allgemeine Bestimmungen.

Kapitel I.

Allgemeine Grundsätze.

Artikel 1. Der Internationale Luftschiffer-Verband ist die einzige sportliche Behörde der Welt, welche internationale aeronautische Wettbewerbe und Prüfungen reglementiert.

Außerhalb der Konferenzen sind seine Machtbefugnisse in die Hände der dem Verbande angehörenden Einzelverbände oder Klubs gelegt, deren Sportkommissionen das vorliegende Reglement als bindend anerkannt haben. Alle Wettbewerbe und Rekordversuche werden nach dem vorliegenden Reglement geleitet.

Artikel 2. Die Wettbewerbe werden persönlich von dem Führer eines aeronautischen Fahrzeuges gewonnen; die Abmessungen des letzteren müssen sich innerhalb bestimmter Grenzen halten, die bei jedem Wettbewerb festzusetzen sind, welcher Art auch das Fahrzeug und die Bedingungen sein mögen, unter denen es benutzt wird. Die Bemannung hat keinen Anspruch auf irgendeine der Vergünstigungen, die durch das vorliegende Reglement dem Führer bewilligt sind.

Artikel 3. Sonderreglements für Wettbewerbe dürfen bestimmte Sonderanordnungen enthalten, die das vorliegende Reglement ergänzen können, in keinem Falle aber mit diesem in Widerspruch stehen dürfen.

Artikel 4. Jeder Luftschiffer, der an irgendeinem Wettbewerb oder einer Prüfung teilnimmt, muß:

1. das vorliegende Reglement gründlich kennen,

2. die Verpflichtung auf sich nehmen, sich ohne Vorbehalt allen Folgen, die das Reglement nach sich ziehen könnte, zu unterwerfen.

Artikel 5. Es sind alle Wettbewerbe, Rekordversuche usw. untersagt, die nicht nach diesem Reglement veranstaltet werden; auch werden die daran teilnehmenden Bewerber disqualifiziert.

§ 1. Aufgabe der Sportkommissionen.

Artikel 6. Die Sportkommissionen der dem I. L.-V. angehörenden Verbände und Klubs haben die Aufgabe:

1. die Einhaltung des vorliegenden Reglements zu überwachen,

2. die Programme und Sonderbestimmungen der durch Dritte veranstalteten Wettbewerbe zu prüfen und sie mit oder ohne Änderungen zu genehmigen,

3. die Liste der disqualifizierten Bewerber auf dem Laufenden zu erhalten und sich zu vergewissern, daß diese an keinem Wettbewerb teilnehmen,

4. die zu den Wettbewerben zuzulassenden Bewerber zu bezeichnen,

5. die Sportkommissare zu bestätigen — über deren Tätigkeit s. Kap. II § 1,

6. Starter zu ernennen,

7. die Delegierten zu bestätigen — über deren Tätigkeit s. Kap. II § 3,

8. die aufgestellten Rekorde zu prüfen und zu bestätigen,

9. in allen durch das vorliegende Reglement vorgesehenen Fällen die oberste sportliche Entscheidungsbehörde zu bilden.

§ 2. Aufgabe der Organisations-Ausschüsse.

Artikel 7. Die aeronautischen Wettbewerbe und Rekordversuche werden durch Organisationsausschüsse vorbereitet und abgehalten, welche dauernd oder für eine bestimmte Zeit eingesetzt werden. Sie haben die Aufgabe:

1. Programme für Wettbewerbe und Sonderbestimmungen auszuarbeiten,

2. Sportkommissare auszuwählen, die von den Sportkommissionen bestätigt sind,

3. Delegierte zu wählen und zur Genehmigung durch die Sportkommission ihres Landes vorzuschlagen,

4. von der Sportkommission ihres Landes die Mitwirkung eines oder mehrerer Starter zu erbitten,

5. die endgültige Liste der zu den Wettbewerben zugelassenen Bewerber aufzustellen,

6. alle Verwaltungsmaßregeln, die die Ausführung der Wettbewerbe betreffen, in die Hand zu nehmen,

7. das Material, welches die Teilnehmer benutzen wollen, zu prüfen, anzunehmen oder zurückzuweisen, und zwar nach den im Abschnitt II, Kap. III näher erläuterten Bedingungen,

8. mit Zustimmung der Sportkommission ihres Landes das Preisgericht für die Wettbewerbe zu ernennen.

Den Organisationsausschüssen darf kein Mitglied angehören, welches bei irgendeinem Sport disqualifiziert worden ist.

Kapitel II.

Die ausführenden Organe bei den Wettbewerben.

Artikel 8. Zu den Organen, die mit der Leitung und Überwachung der Wettbewerbe zu beauftragen sind, sollen grundsätzlich gehören:

1. für den sportlichen Teil:
   Sportkommissare,
   ein oder mehrere Starter,
   unter Umständen Delegierte;
2. für die allgemeine Organisation und Verwaltung:
   Mitglieder des Organisationsausschusses,
   Überwachungsbeamte usw.

Die Ernennung der mit dem sportlichen Teil betrauten Organe hat sich nach den im vorliegenden Reglement festgesetzten Bestimmungen zu richten.

Die Auswahl der für die allgemeine Organisation, Verwaltung usw. bestimmten Organe ist dem freien Ermessen des Organisationsausschusses überlassen.

§ 1. Sportkommissare.

Artikel 9. Bei allen Wettbewerben oder Prüfungen muß der Organisationsausschuß zwei oder drei Kommissare wählen, die der Genehmigung der Sportkommission unterliegen. Sie führen die Bezeichnung Sportkommissare. Ihre Namen sind auf den Programmen zu vermerken. Die Sportkommissare führen bei allen Verrichtungen den Vorsitz. Sie tragen eine rote, goldgeränderte Binde mit dem Namen des Klubs, dem sie angehören.

Die Bewerber, Führer und Mitfahrer, haben sich bei Strafe der Ausschließung den Anordnungen der Sportkommissare zu unterwerfen.

Artikel 10. Die Sportkommissare haben die Aufgabe:

1. die Ausführung des Programms und Einhaltung des Reglements zu überwachen,

2. alle Berufungen und Einsprüche, die sich aus der Auslegung des Programms oder aus unvorhergesehenen Umständen ergeben könnten, zu entscheiden;

3. über alle etwa vorkommenden Streitfälle Bestimmungen zu treffen. Ihre Entscheidung ist stets ausschlaggebend; die Bewerber können jedoch vor der Sportkommission ihres Landes Berufung einlegen, gegen deren Entscheidung es bei nationalen Wettbewerben keine Berufung gibt; bei internationalen Wettbewerben kann vor der Konferenz des I. L.-V. nach Artikel 234 Berufung eingelegt werden.

Artikel 11. Die Sportkommissare haben das Recht:

1. die Abfahrt eines jeden Bewerbers aufzuschieben oder zu verhindern, der infolge seiner Unerfahrenheit oder infolge der Beschaffenheit seines Materials für irgend jemand eine Gefahr bieten könnte,

2. sich der Abfahrt eines Gehilfen oder eines Mitfahrers zu widersetzen,

3. Strafbestimmungen gemäß den Vorschriften des Artikels 59 anzuwenden.

Artikel 12. Sobald die Sportkommissare ein Urteil dahin fällen, daß ein begangener Fehler eine höhere Strafe erfordert als die, welche sie selbst zu verhängen berechtigt sind, so haben sie darüber der Sportkommission ihres Landes zu berichten und eine Erhöhung der Strafe zu beantragen.

§ 2. Starter.

Artikel 13. Bei jedem Wettbewerb werden die Sportkommissare grundsätzlich, außer wenn die Sportkommission besondere Vollmacht hat, durch einen oder mehrere Starter unterstützt.

Die Starter, welche vollkommen unabhängig vom Organisationsausschuß sind, unterstehen ausschließlich den Sportkommissaren innerhalb der Grenzen, die durch das vom I. L.-V. anerkannte Reglement gezogen sind.

Artikel 14. Der Starter hat sowohl bei Wettfahrten wie auch bei Rekordversuchen die Aufgabe:

1. das Abfahrtszeichen zu geben;
2. auf das genaueste die Abfahrts- und gegebenen Falles die Ankunftszeiten zu vermerken; maßgebend ist stets die amtliche Zeit des Abfahrtsortes;
3. die Einhaltung des vorliegenden Reglements sowie der Sonderbestimmungen für die Wettfahrten und Versuche, welchen sie beiwohnen, unter der Oberaufsicht der Sportkommissare zu überwachen;
4. über alle Vorgänge Buch zu führen und darin alle Verfügungen der Sportkommissare wiederzugeben; diese Aufzeichnungen werden von den Sportkommissaren beglaubigt;
5. ihre persönlichen Beobachtungen in einem besonderen Bericht niederzulegen.

A r t i k e l 15. Das Protokoll, welches sich aus den im Artikel 14 vorgesehenen Aufzeichnungen zusammensetzt, hat Rechtskraft für die Festsetzung der Reihenfolge der Bewerber sowie für die Bestätigung der Rekorde. Jeder Starter hat stets die Protokolle über alle Vorgänge, über die Abfahrten und alle von ihm aufgenommenen Zeiten zu unterzeichnen.

A r t i k e l 16. Die Starter werden von der Sportkommission auf Grund einer Prüfung ernannt, deren Programm von jener aufgestellt und veröffentlicht wird.

A r t i k e l 17. Die Starter können durch Entscheidung der Sportkommissare suspendiert oder abgesetzt, auf Zeit oder dauernd disqualifiziert werden.

Die Suspendierung oder Absetzung kann auf Grund jedes Anzeichens berufsmäßiger Unfähigkeit ausgesprochen werden.

Die zeitweilige oder dauernde Disqualifikation wird von einer Sportkommission auf Grund ehrenrühriger Handlungsweise ausgesprochen.

Ein Starter, der einen nicht von ihm selbst aufgestellten Bericht unterzeichnet, wird für immer disqualifiziert. (Diese Disqualifikation kann die Nichtbestätigung der aufgestellten Rekorde nach sich ziehen.)

Ebenso wird jeder Starter disqualifiziert, der bei einem durch das vorliegende Reglement verbotenen Wettbewerb mitwirkt, desgleichen, wenn er einem disqualifizierten Luftschiffer Beihilfe leistet.

Diese Strafmaßregel wird jedoch durch eine Sportkommission nicht verhängt, ohne daß der angeklagte Starter gehört oder regelrecht vernommen worden ist.

Artikel 18. Den Startern ist untersagt, höhere Vergütungen anzunehmen als die des hierunter erwähnten Tarifs, nämlich: für je einen Renn- oder Reisetag 30 Francs.

Die Höhe der Reiseentschädigung wird mit den Startern besonders vereinbart.

§ 3. Delegierte.

Artikel 19. Bei gewissen Versuchen oder Wettbewerben kann der Organisationsausschuß eine bestimmte Anzahl Delegierte wählen, die ebenfalls von der Sportkommission bestätigt werden müssen.

Ein Delegierter kann — während der Wettfahrt oder vor der Abfahrt — nach einzelnen bestimmten Punkten entsandt werden, um sich, soweit möglich, über die Flugrichtung des Ballons zu vergewissern, sich davon zu überzeugen, ob Zwischenlandungen ausgeführt werden oder nicht, die Wiederabfahrt nach einer solchen festzustellen, die Landungszeit zu bestimmen und zu prüfen, ob alle für die Landung vorgeschriebenen Formalitäten richtig erfüllt werden, und ob sich die Luftschiffer keiner Handlung schuldig machen, die geeignet sein könnte, das Ergebnis des Wettbewerbs zu fälschen.

Die Delegierten haben eine rote Armbinde mit dem Namen ihres Klubs zu tragen.

Artikel 20. Die von den Delegierten geführten Protokolle haben für die Feststellung der Reihenfolge der Bewerber Rechtskraft. Die Bewerber haben jedoch das Recht der Berufung gegen diese Protokolle vor einer Sportkommission.

Kapitel III.

Allgemeine Organisationsmaßnahmen, die bei allen Wettbewerben anzuwenden sind.

§ 1. Bekanntmachungen und Programme.

Artikel 21. Die Sonderprogramme der Wettbewerbe usw. müssen der Sportkommission vor ihrer Veröffentlichung und mindestens einen Monat vor der für den Wettbewerb festgesetzten Zeit eingereicht werden. Sie müssen — nach Genehmigung seitens der Sportkommission — zum mindesten vierzehn Tage vor dem Datum der Ausführung in der Presse veröffentlicht werden.

Artikel 22. Die Programme müssen im einzelnen die folgenden Angaben enthalten:

1. auf der ersten Seite die besondere Ankündigung, daß diese Wettbewerbe nach den Reglements des Internationalen Luftschiffer-Verbandes stattfinden, und daß im Falle von Streitigkeiten über einen im Sonderreglement für den Wettbewerb nicht vorgesehenen Punkt lediglich das vorliegende Reglement maßgebend sein soll;

2. die genaue Bestimmung der Zahl der Preise und ihres Betrages für den Wettbewerb; die Preise dürfen nach Veröffentlichung des Programms nicht mehr vergrößert werden;

3. die genaue Bezeichnung der Versuche und Wettbewerbe;

4. die genaue Bezeichnung der zugelassenen Materialarten;

5. die Höhe der etwaigen Zulassungsgebühr für jeden Wettbewerb;

6. Datum und Stunde des Nennungsschlusses;

7. die Höhe der Nennungsgebühren und der etwaigen Reugelder;

8. Angabe der höchsten zulässigen Teilnehmerzahl für jeden Wettbewerb;

9. die genaue Angabe der Bedingungen, unter denen die Teilnehmer ihr Material vorzuführen und ihren Ballon für jede festgesetzte Wettfahrt auszurüsten haben;

10. genaue Angabe der Ausführungsbestimmungen in bezug auf Annahme des Materials, Tag und Stunde der Füllung usw.;

11. die Bedingungen der Abfahrt: Tag, Stunde und Ort der Abfahrt;

12. genaue Angaben der pekuniären Bedingungen der Wettfahrt, wie Gaspreise, Kosten des Rücktransportes usw.;

13. endlich zutreffendenfalls Landungsbestimmungen.

Artikel 23. Die Programme dürfen nach ihrer Veröffentlichung ohne Genehmigung der Sportkommission in keinem Falle Abänderungen erfahren.

Artikel 24. Ein Exemplar des Programms ist jedem Teilnehmer in dem Augenblick seiner Nennung zu einem der veranstalteten Wettbewerbe zuzustellen.

§ 2. Nennungsgelder und Reugelder.

Artikel 25. Die Höhe der Nennungsgelder wird durch den Organisationsausschuß festgesetzt, welcher gleicherweise entscheidet, ob sie an die Teilnehmer rückzahlbar sind oder nicht. Ein Recht auf Rückzahlung gewähren die in den Artikeln 40, 41 und 108 vorgesehenen Fälle.

Artikel 26. Zur Erhebung von Reugeld besteht nur in dem Falle eine Berechtigung, wenn es auf dem Programm vorgesehen und sein Betrag genau bezeichnet ist.

Artikel 27. Die rückzahlbaren Nennungsgelder und die Reugelder, die nicht innerhalb eines Monats nach dem Tage der Abhaltung des Wettbewerbs erhoben sind, verfallen dem Organisationsausschuß.

§ 3. Nennungen.

Artikel 28. Die Nennungen können erfolgen:

1. schriftlich,
2. durch Telegramm, welches durch einen am selben Tage abzulassenden Brief zu bestätigen ist.

Falls bei einer Wettveranstaltung mehrere Wettbewerbe stattfinden, so hat der Bewerber für jeden Wettbewerb, an dem er teilzunehmen wünscht, eine besondere Anmeldung einzureichen.

Artikel 29. Der Anmeldung oder ihrer brieflichen Bestätigung bei telegraphischer Nennung muß stets beigefügt werden:

1. der Betrag des Nennungsgeldes,
2. eine authentische Bescheinigung über das Alter des Bewerbers,
3. ein Verzeichnis der Fahrten (oder der hauptsächlichsten unter ihnen), die vom Bewerber ausgeführt worden sind; aus demselben muß hervorgehen, in welcher Eigenschaft (ob als Führer, Gehilfe oder Mitfahrer) der Bewerber diese Fahrten ausgeführt hat.

Die Bestimmungen unter 2. und 3. finden auf die von dem I. L.-V. anerkannten Führer keine Anwendung.

Jede Anmeldung, der nicht der Betrag des Nennungsgeldes beigefügt ist, wird als null und nichtig betrachtet, desgleichen jede Anmeldung, welche zu spät kommt oder nicht vor Schluß der Nennungsliste vervollständigt ist.

Artikel 30. Wer unter einem Pseudonym aufzusteigen wünscht, muß dazu die Zustimmung der Sportkommission seines Landes haben; diese hat ihm hierfür eine Ermächtigung auszustellen, welche im Falle eines internationalen Wettbewerbs vorgelegt werden muß. Das Pseudonym kann geändert werden, aber nur auf eine von der Sportkommission genehmigte Vollmacht hin, um die schriftlich unter Beifügung von 20 Francs zu ersuchen ist.

Artikel 31. Sobald das Gesuch um Zulassung sowie der Betrag des Nennungsgeldes eingegangen sind, werden die Bewerber auf eine besondere Liste gesetzt; alsdann wird ihnen eine Annahmebescheinigung mit dem Datum und der Nummer ihrer Eintragung zugesandt.

Artikel 32. Jede wissentlich falsche Erklärung eines Bewerbers kann ihn vom Wettbewerb ausschließen und Strafe nach sich ziehen. Das Nennungsgeld des ausgeschlossenen Bewerbers verfällt dem Organisationsausschuß.

§4. Zulassung der Nennungen.

Artikel 33. Die Nennungen sind erst dann als endgültig anzusehen, wenn sie von der Sportkommission als zulässig erklärt und vom Organisationsausschuß endgültig zugelassen sind.

Artikel 34. Der Organisationsausschuß muß der Sportkommission die Liste der Nennungen spätestens zwölf Stunden nach Meldeschluß übersenden.

Artikel 35. Die Nennungen werden von der Sportkommission geprüft, welche in letzter Instanz über die Zulässigkeit oder Zurückweisung des Bewerbers entscheidet.

Artikel 36. Die von der Sportkommission angenommenen Bewerber werden als zulässig erklärt. Die nicht angenommenen Bewerber, denen die Sportkommission nicht verpflichtet ist, Gründe für ihre Zurückweisung anzugeben, werden als unzulässig erklärt.

Artikel 37. Die Entscheidungen der Sportkommission sind dem Organisationsausschuß innerhalb vierundzwanzig Stunden nach Empfang der Nennungsliste mitzuteilen.

Artikel 38. Der Organisationsausschuß verkündet endgültig die Zulassung der von der Sportkommission als zulässig erklärten Bewerber.

Artikel 39. Die Bewerber empfangen seitens des Organisationsausschusses — je nachdem — entweder eine Zulassungsbescheinigung oder eine schriftliche Erklärung ihrer Ausschließung. Der Organisationsausschuß braucht die Gründe der Ausschließung nicht anzugeben.

Artikel 40. Die ausgeschlossenen Bewerber erhalten innerhalb acht Tagen nach der schriftlichen Anzeige ihrer Abweisung die Einschreibungsgebühr ohne Abzug zurückerstattet, mit Ausnahme der in den Artikeln 32, 64 und 66 vorgesehenen Fälle.

Artikel 41. Falls die Zahl der Bewerber, welche die Annahmebedingungen erfüllen, und deren Material den in Abschn. II, Kap. III enthaltenen Bestimmungen genügt, die durch das Programm festgesetzte höchste Bewerberzahl überschreitet, so entscheidet über die Zulassung die Reihenfolge der Anmeldungen oder das Los.

Den nicht zugelassenen Bewerbern werden die Nennungsgelder zurückgezahlt.

Kapitel IV.

Allgemeine Bestimmungen.

§ 1. Rauminhalt.

Artikel 42. Der Rauminhalt eines Ballons ist durch seine mathematische Gestalt gegeben. Bei Kugelballons wird er durch Messung des Äquators und eines Meridians bestimmt unter Anwendung der diesem Reglement beigefügten Tabellen (s. Anhang 1).

§ 2. Gewicht.

Artikel 43. Das Gewicht des Materials setzt sich zusammen aus: dem Korb, seiner Aufhängung und dem eigentlichen Ballon mit allem festen Zubehör.

Das derart festgestellte Gewicht ist bei der Nennung anzugeben.

Artikel 44. Alles übrige Gerät wird als Ballast gerechnet, selbst wenn es der Organisationsausschuß aus Sicherheitsgründen oder irgendwelchen anderen Erwägungen anbefohlen hat.

§ 3. Auftrieb.

Artikel 45. Der Auftrieb eines Ballons ist gleich dem Produkt aus dem nach Artikel 42 festgestellten Volumen und dem Auftrieb des Gases, vermindert um das Gewicht des Materials (s. Artikel 43 und 44).

Kapitel V.

Klassifikation der Wettbewerbe.

Artikel 46. Die Wettbewerbe sind offene oder vorbehaltene.

Artikel 47. Offene Wettbewerbe sind solche, zu denen sich jedermann einschreiben lassen kann unter der Bedingung, daß er allen Vorschriften des vorliegenden Reglements nachkommt.

Artikel 48. Vorbehaltene Wettbewerbe sind solche, zu denen nur diejenigen Bewerber zugelassen werden, welche einer vom Organisationsausschuß aufgestellten Klassifikation entsprechen.

Artikel 49. Die offiziell anerkannten Wettbewerbe zerfallen in zwei Klassen:

1. Wettbewerbe für Ballons:
   Klasse A: Freiballons (s. Abschn. II),
   Klasse B: Motorballons (s. Abschn. III);
2. Wettbewerbe für Flugapparate (s. Abschnitt IV):
   Klasse A: ohne Motor,
   Klasse B: mit Motor.

Artikel 50. Die Sportkommission entscheidet überdies allein über die Klassifikation alles aeronautischen Materials sowie über alle Fragen, die in bezug auf diesen Gegenstand aufgeworfen werden könnten.

Artikel 51. Nur der Sportkommission steht die Befugnis zu, Wettbewerbe zu veranstalten oder zu genehmigen, die das vorliegende Reglement nicht vorsieht.

Der Organisationsausschuß kann indessen mit Zustimmung der Sportkommission Nebenwettbewerbe veranstalten, die auf die Luftschiffahrt Bezug haben (Berichte, Photographien usw.).

Kapitel VI.

Die den Bewerbern vorbehaltenen Vergünstigungen.

§1. Vergünstigungen in bezug auf das Material.

Artikel 52. Der Organisationsausschuß muß den Bewerbern zur Verfügung stellen:

1. geschützte Plätze, die mit ausreichenden Mitteln zur Füllung versehen sind und eine leichte Abfahrt gestatten;

2. sobald die Art oder die Dauer der Wettfahrt dies erfordert: Schuppen, die, in angemessener Weise verschließbar, bedeckt und gehörig bewacht, zur Niederlegung des Materials und für etwa nötige Reparaturarbeiten zu dienen haben.

Artikel 53. Der Organisationsausschuß muß ferner bei Wettfahrten von Motorballons (Klasse B) den Bewerbern genügend große Ballonhallen zur Verfügung stellen und ihnen alle Erleichterungen bei Anbringung der Füllungsvorrichtungen verschaffen.

Artikel 54. Der Organisationsausschuß soll sich bemühen, den Bewerbern jede mögliche Sicherheit und Freiheit bei der Füllung und Abfahrt zu gewährleisten, indem er dem Publikum gegenüber die nötigen polizeilichen Maßregeln trifft.

§ 2. Pekuniäre Vergünstigungen.

Artikel 55. Der Organisationsausschuß hat den Bewerbern eine freie oder doch möglichst billige Leuchtgaslieferung zu erwirken.

Artikel 56. Um bei Wettfahrten von Freiballons das für diese Art von Sport erforderliche Interesse wachzuhalten und jeder Neigung der Luftschiffer zur Abkürzung ihrer Luftreise vorzubeugen, kann der Organisationsausschuß den Bewerbern eine Rückkehrentschädigung gewähren, welche umfaßt:

1. den Eisenbahnfahrpreis von dem dem Landungsort nächstgelegenen Bahnhof zur Auffahrtsstelle oder, auf Wunsch des Bewerbers, in der Richtung seines Wohnorts, wobei jedoch die in dieser Richtung zu vergütende Strecke die erstere nicht überschreiten darf;
2. die Transportkosten für das Material unter denselben Bedingungen wie oben;
3. bei Vorlage von Belegen bis zu einem Betrage, den in jedem einzelnen Falle der Organisationsausschuß festzusetzen hat, die Auslagen, die verursacht werden:
   a) durch den Transport des Materials vom Landungsort bis zum nächstgelegenen Bahnhof,
   b) durch die bei der Landung verursachten Beschädigungen.

Artikel 57. Auf die von dem Organisationsausschuß bewilligten Entschädigungen haben alle Bewerber Anspruch, welche die Bedingungen der Wettfahrt erfüllt haben.

Artikel 58. Der Organisationsausschuß kann die Vergünstigung der Rückfahrtsentschädigung auch auf die Gehilfen des Führers ausdehnen. Die Zahl derselben wird wie folgt festgesetzt:

für mit Leuchtgas gefüllte Ballons von:
1601—3000 cbm Inhalt ..... 1 Gehilfe,
über 3000 „ „ ..... 2 Gehilfen,
für mit Wasserstoff gefüllte Ballons von:
1201—2000 cbm Inhalt ..... 1 Gehilfe,
über 2000 „ „ ..... 2 Gehilfen.

Kapitel VII.

Strafbestimmungen.

Artikel 59. Die Strafen, welche verhängt werden können, sowie die Behörden, die befugt sind, sie auszusprechen, sind aus folgender Tabelle ersichtlich:

Strafen:	ausgesprochen durch:	
1. Geldstraf. bis zu 100 Frcs.,	Sportkommissare u.	Sportkommission
2. Ausschluß,	„	„
3. offizieller u. öffentl. Tadel,	„	„
4. Disqualifikation auf Zeit,	Sportkommission	
5. Geldstraf. über 100 Frcs.,	„	
6. dauernde Disqualifikation	„	

Artikel 60. Die Sportkommission darf keinen Beschluß fassen, ohne die Interessenten regelrecht zusammenberufen zu haben. Die verfügten Strafen sind vollstreckbar mit ihrer offiziellen Anzeige an die Betroffenen oder mit ihrer offiziellen Veröffentlichung in den Fachzeitschriften seitens der Sportkommission.

Artikel 61. Sie verhängt die Strafen entweder aus eigener Entschließung, oder auf Ansuchen der Mitglieder des Organisationsausschusses, oder der Sportkommissare, oder schließlich auf Einspruch seitens der Mitbewerber oder irgendeiner beeinträchtigten Person.

§ 1. Geldstrafen.

Artikel 62. Geldstrafen können verhängt werden über die Bewerber, ihre Gehilfen und auch über die Mitfahrer, falls sie sich den Vorschriften des allgemeinen oder besonderen Reglements oder den ausdrücklichen Anordnungen der Sportkommissare oder der Mitglieder des Organisationsausschusses usw. nicht fügen. Die Bewerber haften für die Geldstrafen, die über ihre Gehilfen oder Mitfahrer verhängt worden sind.

Artikel 63. Der Betrag der Geldstrafen wird der betreffenden Klubkasse überwiesen, um verteilt oder zu Preisen bei sportlichen Wettbewerben verwendet zu werden. Jede Weigerung der Zahlung einer Geldstrafe zieht Disqualifikation mindestens bis zu erfolgter Zahlung nach sich.

Die Geldstrafen müssen bei Strafe der Verdoppelung innerhalb acht Tagen gezahlt sein.

§ 2. Ausschluß von einem Wettbewerb.

Artikel 64. Der Ausschluß von einem Wettbewerb kann wegen Täuschung oder wegen Versuchs dazu ausgesprochen werden. Er kann für einen bestimmten Wettbewerb oder für die Gesamtheit der Wettbewerbe einer Veranstaltung erfolgen. Der Bewerber, welchen diese Strafbestimmung trifft, ist der Sportkommission zu übergeben, welche gegebenenfalls seine zeitweilige oder dauernde Disqualifikation auszusprechen hat.

Der Ausschluß zieht für den davon Betroffenen die Nichtigkeitserklärung seiner Anmeldung und den Verlust seines Nennungsgeldes nach sich.

§ 3. Offizieller, öffentlicher Tadel.

Artikel 65. Der offizielle und öffentliche Tadel wird von der Sportkommission und den Sportkommissaren ausgesprochen. Er wird durch eine Veröffentlichung in den Fachzeitschriften auf dem Wege offizieller Mitteilung seitens der Sportkommission vollzogen.

§ 4. Disqualifikation.

Artikel 66. Die Disqualifikation kann mit unbegrenzter Dauer ausgesprochen werden; in diesem Falle wird sie als „dauernde Disqualifikation" bezeichnet. Sie kann für eine bestimmte Zeit ausgesprochen werden und heißt dann „Disqualifikation auf Zeit".

Die Disqualifikation macht es dem davon Betroffenen unmöglich, an irgendeinem auf Grund des vorliegenden Reglements veranstalteten Wettbewerb teilzunehmen.

Die gelegentlich einer Wettfahrt ausgesprochene Disqualifikation zieht den Verlust jedes Anspruches auf die im Zusammenhang mit der Wettfahrt zuerkannten Entschädigungen nach sich. Die Wettfahrt eines disqualifizierten Bewerbers gilt hinsichtlich seiner Rangfolge als nicht geschehen. Die Disqualifikation zieht den Verlust des Nennungsgeldes nach sich. Sie wird in den Fachzeitschriften auf dem Wege offizieller Mitteilung seitens der Sportkommission veröffentlicht.

Die Liste der disqualifizierten Bewerber wird von Zeit zu Zeit dem Sekretariat des I. L.-V. übergeben, welches sie brieflich allen verbündeten Klubs mitzuteilen hat.

Kapitel VIII.

Abschluß der Wettbewerbe.

§1. Aufgabe des Organisationsausschusses.

Artikel 67. Die Bewerber haben innerhalb 24 Stunden nach der Landung alle in ihren Händen befindlichen Kontrollpapiere dem Organisationsausschuß abzugeben oder an ihn in eingeschriebenem Briefe zurückzusenden; innerhalb der gleichen Zeit sind die Kontrollinstrumente und Registrierapparate zurückzubringen oder -zusenden, wobei der Bewerber alle Vorsichtsmaßregeln zu beobachten hat, damit sie unbeschädigt ankommen.

Artikel 68. Der Organisationsausschuß nimmt alle Dokumente in Empfang, läßt sie, wenn nötig, vervollständigen und erklärt den Wettbewerb für geschlossen, nachdem das letzte Dokument in seine Hände gelangt ist, spätestens aber zwei Tage nach dem Zeitpunkt, zu dem das letzte Dokument ihm hätte zugehen müssen.

Artikel 69. Der Organisationsausschuß stellt ein gedrängtes Verzeichnis der Ergebnisse auf; dieses ist aber erst endgültig nach dem Abschluß der Tätigkeit des Preisgerichts und darf der Presse nur unter Hervorhebung seines provisorischen Charakters mitgeteilt werden.

Artikel 70. Wenn ein Bewerber sich bei einem der im Artikel 82 angeführten Wettbewerbe als völlig ungenügend gezeigt hat, so setzt der Organisationsausschuß hiervon die Sportkommission in Kenntnis, welche darauf die Disqualifikation aussprechen kann.

§2. Zusammensetzung des Preisgerichts.

Artikel 71. Der Organisationsausschuß ernennt mit Zustimmung der Sportkommission ein Preisgericht, welches die Aufgabe hat, nach jeder Wettfahrt die Reihenfolge der Bewerber nach den erlangten Resultaten unter Zugrundelegung des vorliegenden Reglements sowie des für die Wettfahrt erlassenen Sonderreglements festzusetzen. Mindestens ein Sportkommissar muß Mitglied dieses Preisgerichts sein.

Artikel 72. Kein Mitglied des Preisgerichts kann an irgendeinem der Wettbewerbe teilnehmen, weder als Führer, noch als Gehilfe, noch als Mitfahrer.

Die Mitglieder des Organisationsausschusses können gleichzeitig Mitglieder des Preisgerichts sein.

§3. Tätigkeit des Preisgerichts.

Artikel 73. Das Preisgericht bestimmt nach der Folge der Bewerber die Zuerteilung der Preise, Prämien, Belohnungen und Auszeichnungen jeder Art den Bestimmungen des Programms gemäß.

Artikel 74. Das Preisgericht erhält sämtliche den Wettbewerb betreffenden Kontrollurkunden. Es kann im Falle der Unschlüssigkeit verlangen, daß der Organisationsausschuß zu Zeugenvernehmungen oder Verhören schreitet (Artikel 154); es hat das Recht, eines seiner Mitglieder zum Beisitzer bei diesen Vernehmungen und Verhören zu ernennen.

Auch kann es verlangen, daß ein Bewerber seine Erklärung an Eidesstatt abgibt.

Das Preisgericht hat, wenn eine streitige Angelegenheit seine Stimmen zersplittert, den Fall der Sportkommission zu unterbreiten, welche in letzter Instanz entscheidet.

§4. Zuerteilung der Auszeichnungen.

Artikel 75. Die Preise, Belohnungen und Auszeichnungen werden den Bewerbern innerhalb eines Monats nach der Veröffentlichung der Entscheidung des Preisgerichts übergeben; gegen die Entscheidungen des Preisgerichts kann Berufung an die Sportkommission nur durch die Sportkommissare erfolgen, die Mitglieder des Preisgerichts sind.

Artikel 76. Jeder bei einem der Wettbewerbe disqualifizierte Bewerber geht des Anspruches auf die bei diesem Wettbewerb zuerkannten Auszeichnungen verlustig.

Artikel 77. In jedem Jahre können die Klubs auf Vorschlag ihrer Sportkommission demjenigen Bewerber, welcher die besten sportlichen Leistungen aufweist, eine besondere Auszeichnung zuerkennen.

§5. Einspruch.

Artikel 78. Jeder Bewerber hat das Recht des Einspruchs.

Ein Einspruch wird nur geprüft, falls er schriftlich eingereicht wird und fünfzig Francs ihm beigefügt sind. Diese Summe wird zurückgezahlt, falls der Einspruch als begründet anerkannt wird oder im entgegengesetzten Falle der gute Glaube des Berufenden erwiesen ist.

Der Einspruch ist zu richten:

1. an den Organisationsausschuß in allen Fragen, die Verwaltungsmaßregeln, Nennungsgeld usw. betreffen;

2. an die Sportkommissare in allen sportlichen Fragen; die Entscheidungen der Sportkommissare werden, wenn möglich, auf der Stelle getroffen und sind unbeschadet weiterer Berufung vollstreckbar;

3. an die Sportkommission gegenüber den Entscheidungen des Organisationsausschusses und der Sportkommissare.

Artikel 79. Klagen, die der Organisationsausschuß glaubt aussprechen zu müssen, werden unmittelbar bei der Sportkommission vorgebracht.

Artikel 80. Wer einen Einspruch erhebt, hat ihn stets zu begründen; auch muß der Bewerber, gegen den er sich richtet, regelrecht gehört werden.

Artikel 81. Einsprüche müssen in folgenden Fristen vorgebracht werden:

wenn sie sich auf die Klassifikation der Luftschiffe, die Ordnungsmäßigkeit der Anmeldung, Zahlung der Nennungsgelder usw. beziehen, vor dem Wettbewerb;

wenn sie sich gegen unerlaubte Handlungen der Bewerber, gegen untersagte Landungen, gegen verbotene Ausschiffung von Mitfahrern oder irgendeine andere Unregelmäßigkeit im Verlauf der Fahrt richten, innerhalb vierzehn Tagen nach der Landung des am längsten gefahrenen Bewerbers.

Abschnitt II.

Wettfahrten für Freiballons.

(Klasse A.)

Kapitel I.

Art der Wettfahrten.

Artikel 82. In der Klasse A werden folgende Wettfahrten unterschieden:

1. Weitfahrten, mit und ohne Zwischenlandungen;
2. Dauerfahrten, mit und ohne Zwischenlandungen;
3. Zielfahrten mit Landung:

in möglichster Nähe eines vorher festgesetzten Punktes; in möglichster Nähe einer vorher festgesetzten geraden oder gekrümmten Linie; in einem vorher festgesetzten umgrenzten Raume mit frei gewähltem Aufstiegsort;

4. Etappenfahrten mit Nachfüllung bei den Zwischenlandungen;
5. Stabilitätsfahrten.

Im VI. Kapitel sind die Kontrollmaßnahmen angegeben, die bei jeder dieser Wettfahrten anzuwenden sind.

Artikel 83. Die Wettfahrten der ersten, zweiten und vierten Gattung (s. Artikel 82) können mit oder ohne Handikapierung ausgeführt werden.

Kapitel II.

Das Handikap.

§ 1. Allgemeine Regeln.

Artikel 84. Das Handikap hat den Zweck, die Gewinnaussichten unter den Bewerbern nach Möglichkeit auszugleichen, damit das Ergebnis nicht von den Eigenschaften ihres Materials, sondern lediglich von ihren Fähigkeiten abhängig ist.

Artikel 85. Das Handikap kann erzielt werden:

1. durch Klasseneinteilung, indem zu einer und derselben Wettfahrt diejenigen Bewerber vereinigt werden, welche über nachweislich gleiches Material verfügen;

2. durch Ballast, indem jeder Bewerber die Verfügung über eine Ballastmenge erhält, die nach dem Auftrieb seines Ballons bestimmt wird;

3. durch relative Ergebnisse, indem man von den Bewerbern, die leistungsfähigeres Material besitzen, entsprechend bessere Ergebnisse fordert.

Das Handikap durch Einteilung in Klassen kann mit dem durch Ballast oder mit dem durch Ergebnisse vereinigt werden.

Artikel 86. Die Bedingungen des Handikaps müssen im Programm stets klar und verständlich angegeben werden.

§ 2. Handikap durch Einteilung in Klassen.

Artikel 87. Für die Einteilung in Klassen gilt als Maßstab der Rauminhalt der mit Leuchtgas gefüllten Ballons, welches auch immer ihre Form sei. Es werden folgende Klassen unterschieden:

1. Ballons von 600 cbm Inhalt und darunter,
2. „ „ 601 bis 900 cbm Inhalt,
3. „ „ 901 „ 1200 „ „
4. „ „ 1201 „ 1600 „ „
5. „ „ 1601 „ 2200 „ „

6. Ballons von 2201 bis 3000 cbm Inhalt,
7. „ „ 3001 „ 4000 „ „
8. „ „ 4001 cbm und darüber.

Artikel 88. Ein Spielraum von 5 % nach oben und unten ist gestattet; infolgedessen können zu einer bestimmten Klasse solche Ballons gerechnet werden, welche 5% mehr bzw. 5% weniger Rauminhalt haben als das Maximum bzw. Minimum dieser Klasse. Der Bewerber hat in diesem Falle das Recht, selbst zu entscheiden, zu welcher Klasse er gerechnet werden soll.

Artikel 89. Wenn einem Bewerber gestattet wird, seinen Ballon mit anderem Gas als Leuchtgas zu füllen, so ist ein solcher Ballon zu der Klasse der Ballons zu rechnen, die mit Leuchtgasfüllung den gleichen Auftrieb haben wie jener.[1])

Artikel 90. Der Organisationsausschuß kann Ballons verschiedener Klassen zu gleicher Zeit starten lassen, unter der Bedingung, daß eine entsprechende Bestimmung im Programm vorgesehen ist.

Überdies kann er sowohl einen Wettbewerb ausfallen lassen, wenn es nicht möglich ist, eine bestimmte

[1]) Der gedachte Rauminhalt wird praktisch derart bestimmt, daß man den tatsächlichen Rauminhalt des Ballons mit dem Verhältnis des Auftriebs des verwendeten Füllgases zum Auftrieb des Leuchtgases (0.700 kg) multipliziert. Ist z. B. ein Ballon von 1500 cbm Inhalt mit Wasserstoffgas gefüllt, welches einen Auftrieb von 1.050 kg hat, so ergibt dies folgende Rechnung: $1500 \times \frac{1.050}{0.700} = 2250$. Ein 1500 cbm fassender, mit Wasserstoff gefüllter Ballon entspricht also einem 2250 cbm fassenden, mit Leuchtgas gefüllten Ballon. Ein solcher Ballon ist also unter die 6. Kl. zu rechnen.

Mindestzahl von Ballons zusammenzustellen, als auch unter allen Umständen Ballons verschiedener Klassen zu einem Wettbewerb vereinigen, wenn die Zahl der Bewerber in einer Klasse unzulänglich ist.

§ 3. Handikap durch Ballast.

Artikel 91. Bei den Wettfahrten, die durch Ballast handikapiert werden, verfügen die Bewerber über eine Ballastmenge, welche dem Auftrieb, wie ihn Artikel 45 bestimmt, proportional ist.

Artikel 92. Bei den durch Ballast handikapierten Wettfahrten sind Zwischenlandungen untersagt.

Artikel 93. Das Maximalverhältnis des verfügbaren Ballastes wird wie folgt festgesetzt:

Rauminhalt des kleinsten an der Wettfahrt teilnehmenden Ballons	Prozentuales Verhältnis des Ballastes zum Auftrieb für jeden an der Wettfahrt teilnehmenden Ballon
600 cbm oder darunter (Ballons d. 1. Klasse)	25%
von 601— 900 cbm („ „ 2. „)	30%
„ 901—1200 „ („ „ 3. „)	35%
„ 1201—1600 „ („ „ 4. „)	40%
„ 1601—2200 „ („ „ 5. „)	45%
„ 2201—3000 „ („ „ 6. „)	50%
„ 3001—4000 „ („ „ 7. „)	55%
„ 4001 und darüber („ „ 8. „)	60%

Artikel 94. Für Ballons, die mit anderem als Leuchtgas gefüllt sind, wird das Maximalverhältnis des verfügbaren Ballastes nach den im Artikel 89 vorgeschriebenen Bedingungen berechnet.

Artikel 95. Der Organisationsausschuß kann unter Einhaltung der im Artikel 93 angegebenen Bedingungen durch Ballast handikapierte Ballons mehrerer Klassen zu demselben Wettbewerb zulassen. In diesem Falle gilt als Maximalverhältnis des verfügbaren Ballastes das dem Ballon der schwächsten Klasse zugestandene.

§ 4. Handikap durch Ergebnisse.

Artikel 96. Das Handikap durch Ergebnisse wird folgendermaßen erzielt:

1. vom tatsächlichen Rauminhalt des mit Leuchtgas gefüllten Ballons werden abgezogen:

100 cbm bei Ballons von weniger als 1601 cbm,
200 „ „ „ „ 1601 bis 3000 cbm,
300 „ „ „ „ mehr als 3000 cbm.

Diese Reduktion hat den Zweck, den Auftrieb in Rechnung zu ziehen, der nötig ist, um einen Führer allein bzw. mit einem oder zwei Gehilfen zu heben. Für Ballons, die mit anderem Gas als Leuchtgas gefüllt sind, wird der gedachte Rauminhalt nach Artikel 89 bestimmt und alsdann in gleicher Weise wie hier angegeben reduziert.

2. Die Zahl, welche das absolute Ergebnis in Kilometern ausdrückt, wird durch den reduzierten Rauminhalt dividiert.

3. Die so erhaltenen Quotienten geben den Maßstab für die Bewertung der Leistungen der Bewerber (siehe die Beispiele Anhang 3).

Artikel 97. Der Organisationsausschuß kann das Handikap durch relative Ergebnisse nur auf die proportionale Verteilung der Geldpreise anwenden;

Ehrenpreise und andere Belohnungen, auch in Geld, bleiben den absoluten Ergebnissen vorbehalten.

Artikel 98. Endlich kann der Organisationsausschuß noch bestimmen, daß die Preise, für deren Zuerkennung das oben angegebene Verfahren maßgebend ist, unter eine beschränkte Anzahl von Bewerbern zur Verteilung kommen, welche die besten absoluten Ergebnisse erzielt haben.

Kapitel III.

Prüfung des Materials.

§1. Allgemeine Vorschriften.

Artikel 99. Die Ballons, Netze und Geräte jeder Art, welche bei einer Wettfahrt gebraucht werden, sind zuvor einer Prüfung durch den Organisationsausschuß oder durch aeronautische Sachverständige der Sportkommission zu unterwerfen, damit eine Gewähr geboten wird, daß das Material alle Bedingungen für die Sicherheit der Fahrt erfüllt.

Artikel 100. Gewisse dieser Bedingungen sind lediglich geometrischer Art, und ihre Prüfung kann zu keinerlei Streitigkeiten Anlaß geben. Die Feststellung der Nichterfüllung dieser Bedingungen führt zur unmittelbaren Zurückweisung der fehlerhaften Gegenstände. Aus der Tafel 1 (Anhang 1) sind die vorgeschriebenen geometrischen Bedingungen ersichtlich.

Artikel 101. Abgesehen von den geometrischen Bedingungen müssen die zur Verwendung bei den Wettfahrten bestimmten Ballons und Geräte gewisse Bedingungen bezüglich der Festigkeit erfüllen, die folgendermaßen festgestellt werden:

Nach den Abmessungen des Ballons und nach der Art des verwendeten Gases hat man theoretisch die Festigkeit zu berechnen, welche die einzelnen Teile des Materials bieten müssen. Tafel 2 (Anhang 2) gibt die zu diesem Zweck nötigen Unterlagen. Darauf hat man sich durch eine erste sorgfältige und eingehende Prüfung zu versichern, ob die vorgeführten Gegenstände die erforderliche Festigkeit besitzen. Ihre Annahme kann auf Grund dieser einen Prüfung ausgesprochen werden. Mit Ausnahme des Falles, daß sich ein vollkommener Mangel an Festigkeit herausstellt, soll auf Grund dieser ersten Prüfung eine Zurückweisung des Materials nicht ausgesprochen, sondern nach Artikel 102 und 103 verfahren werden.

Artikel 102. Im Falle eines ungünstigen Prüfungsergebnisses werden die zweifelhaften Gegenstände dem Urteil eines aeronautischen Sachverständigen unterbreitet, welcher aus einer Liste kompetenter Fachleute ausgewählt wird. Diese Liste ist durch die Sportkommission aufzustellen.

Der Sachverständige prüft das Material, das ihm in Gegenwart des Eigentümers oder seines Stellvertreters vorzulegen ist, und stellt, falls das Material in dem Zustande, in dem es sich befindet, ohne Gefahr an der Wettfahrt teilnehmen kann, darüber ein Zeugnis aus.

Dieses Zeugnis ist für eine einzige Wettfahrt gültig und muß zwischen der letzten mit dem Material ausgeführten Fahrt und der Wettfahrt verabfolgt werden, und zwar frühestens vierzehn Tage vor der letzteren.

Das Zeugnis muß eine so eingehende Beschreibung des Materials enthalten, daß ohne jeden Zweifel jeder

Gegenstand deutlich erkannt werden kann, welcher gemeint ist.

Artikel 103. Falls der Sachverständige erklärt, sich nur nach Entnahme von Proben der Hülle oder auf Grund spezieller Prüfungen des Materials aussprechen zu können, so benachrichtigt er hiervon den Bewerber und schreitet mit dessen Ermächtigung zu den gedachten Maßnahmen. Auf Grund seiner Prüfungen stellt er dann ein Zeugnis aus, in welchem er angibt, bei welcher Belastung das 0,05 m breite Probestück gerissen ist; auch spricht er sich darin über den allgemeinen Zustand der Hülle sowie des übrigen Materials aus.

Artikel 104. Es werden alle Hüllen zugelassen, deren Reißbelastung einen zehnfachen Sicherheitskoeffizienten ergibt.

Eine Zurückweisung oder Annahme erfolgt niemals für das Material im ganzen, sondern es wird für jeden Teil eine besondere Entscheidung getroffen.

Falls der Sachverständige einen Druckversuch hat vornehmen können und davon befriedigt ist, stellt er ein Zulassungszeugnis für jede Hülle aus, die den in der Tafel 2 (Anhang 2) angegebenen Druckkraftversuchen genügt hat.

Artikel 105. Bevor das Material bei einer Wettfahrt verwendet wird, muß es zur Verfügung gestellt werden, und zwar wenigstens fünf Tage und höchstens einen Monat vor dem Tage dieser Wettfahrt.

Es wird davon ein ausführliches Inventarverzeichnis aufgenommen und dem Luftschiffer eine Empfangsbescheinigung ausgestellt.

Artikel 106. Wenn der Bewerber ein Zeugnis beibringt, welches von anderer Seite ausbedungen und von dem aeronautischen Sachverständigen einer Sportkommission gemäß den in vorstehenden Artikeln ausgesprochenen Bestimmungen ausgestellt ist, so braucht er das Material, für welches dieses Zeugnis gilt, erst vierundzwanzig Stunden vor dem Beginn der Füllung zur Stelle zu schaffen. Ebenso verhält es sich mit den Bewerbern, die an allen Wettbewerben einer Veranstaltung teilgenommen haben.

Artikel 107. Die für die Wettfahrten angenommenen Gegenstände werden besonders gekennzeichnet; die zurückgewiesenen werden unter Angabe des Grundes den Bewerbern übergeben.

Die Gegenstände, welche ausbesserungs- oder abänderungsfähig sind, können zu einer erneuten Prüfung vorgelegt werden.

Artikel 108. Die Bewerber, deren Material zurückgewiesen ist, erhalten das Nennungsgeld ohne Abzug zurückgezahlt.

§2. Einzelvorschriften.

a) Ballons.

Artikel 109. Abgesehen von den für alle Zubehörteile gemeinsamen Festigkeitsbedingungen müssen die Ballons eine genügende Undurchlässigkeit erweisen. Der Organisationsausschuß kann diese Eigenschaft entweder durch einfache Prüfung oder durch Aufblasen mit Luft feststellen.

Artikel 110. Das Material, welches einem Sachverständigen zur Prüfung übergeben ist, wird bei dieser Gelegenheit auch auf seine Undurchlässigkeit geprüft, über welche der Sachverständige sein Gutachten ausstellt.

Artikel 111. Alle Zubehörteile außer der Hülle werden zugelassen, wenn sie ohne sichtbare Beschädigung das Doppelte der Belastung aushalten, die ihnen im Höchstfalle zugemutet wird. Die Versuchsbelastung wird auf das Dreifache erhöht, wenn es sich um Tauwerk handelt, welches in vertikaler Richtung erprobt und dabei im allgemeinen in schräger Stellung beansprucht wird, wie z. B. die Netzmaschen.

b) Ventile.

Artikel 112. Die Ventile haben eine zweifache Bestimmung. Die einen, sogenannten „selbstschließenden", dienen dazu, während der Fahrt einen Ausschnitt für den Austritt des Gases nach Belieben zu öffnen und wieder zu schließen; die anderen bezwecken eine vollkommene Entleerung des Ballons, wozu man eine Öffnung herstellt, welche sich nicht wieder schließen kann. Tafel 1 (Anhang 1) gibt die Mindestmaße der Ausschnitte an, die für die Ventile beider Arten, die Manöver- und die Entleerungsventile, zu fordern sind.

Die Ausschnitte sind nach der Annahme berechnet, daß während der ersten Minute der kleine (siehe Spalte 4 und 14) ein Dreißigstel, der große (Spalte 6 und 16) ein Fünfzehntel der Gasmenge ausströmen läßt.

Artikel 113. Wenn ein Ballon eine Reißbahn oder eine andere Einrichtung besitzt, die geeignet ist, ohne Mitwirkung des Ventils so viel Gas ausströmen zu lassen, daß der Ballon sich in höchstens fünfzehn Minuten entleert, so genügt für das Ventil eine Öffnung, welche in der ersten Minute ein Dreißigstel des Gasvolumens ausströmen läßt.

Artikel 114. Ist ein Ballon weder mit Reißbahn, noch mit ähnlicher Einrichtung, noch mit einem

Ventil für beide Zwecke versehen, so muß das Ventil zum Öffnen und Schließen eingerichtet und die Öffnung so groß sein, daß während der ersten Minute ein Fünfzehntel der Gasmenge ausströmen kann.

c) Füllansatz.

Artikel 115. Die Ballons müssen unten eine Öffnung und daran eine Vorrichtung haben, die als „Füllansatz" bezeichnet wird.

Tafel 1 (Anhang 1) enthält Angaben über die geringste Größe, welche die Füllansatzöffnung haben muß. Diese Werte sind in der Weise berechnet, daß der durch schnelles Aufsteigen des Ballons hervorgerufene innere Überdruck bestimmt ist, und zwar nach folgendem Gesetz:

Das durch die Ausgabe einer bestimmten Ballastmenge hervorgerufene Aufsteigen des Ballons erzeugt einen gewissen inneren Überdruck; das Verhältnis dieses Überdruckes zum normalen Druck ist ein Viertel des Verhältnisses, in welchem die ausgeworfene Ballastmenge zum Gesamtauftriebe des Gases steht.

Artikel 116. Klaffende Öffnungen am unteren Teile des Ballons sind nicht zulässig; sie müssen entweder mit einem Füllansatzschlauch oder mit einem Ventil versehen sein.

Das untere Ende des Füllansatzschlauches muß die Form eines Zylinders haben, dessen Länge wenigstens gleich dem viermaligen Durchmesser ist. Die Längen sind in der Tafel 1 (Anhang 1) angegeben.

Artikel 117. Die mit Ventil versehenen Füllöffnungen müssen sich auf einen bestimmten Druck hin selbsttätig öffnen.

Artikel 118. Prüfungsdrucke und Zerreißungslasten für die im Artikel 104 bezeichneten Stoffe sind unter der Voraussetzung berechnet, daß der Ballon mit einem Füllansatzschlauch versehen ist, der die in den Artikeln 115 und 116 festgesetzten Abmessungen hat.

Wenn die Länge des Füllansatzschlauches die geforderte Abmessung übersteigt, oder wenn der Füllansatz mit einem Ventil versehen ist, unter dessen Einfluß der Druck, dem der obere Teil des Ballons ausgesetzt ist, größer wird als der, welcher bei Verwendung eines Füllansatzschlauches von vorgeschriebener Länge herrschen würde, so hat man diese innere Drucksteigerung und die Spannung, welche die Folge dieser Einrichtungen sind, bei den in der Tafel 2 (Anhang 2) angegebenen Bedingungen in Rechnung zuziehen.

d) Korb, Schlepptau, Anker usw.

Artikel 119. Der Boden des Korbes muß dicht und so fest sein, daß er einem Stoß widerstehen kann; die Seitenwände können durchbrochen geflochten und mit oder ohne Stoffbekleidung sein.

Artikel 120. Die Wände müssen vom Boden aus mindestens 80 cm hoch sein.

Artikel 121. Alle Ballons müssen mit einem Schlepptau oder einem ähnlichen Gerät versehen sein, dessen Mindestgewicht ein Fünfzigstel des Auftriebs betragen soll.

Diese Schleppeinrichtungen können einfach oder mehrfach sein, nach Belieben des Führers, der sie anbringen kann, wie er es für angemessen hält, vorausgesetzt, daß ihr Gesamtgewicht nicht unter das vorgeschriebene Minimum hinabgeht.

Artikel 122. Jeder Ballon soll mit einem gut gebauten Anker versehen sein, der genügende Festigkeit besitzen muß, um den Ballon immer anhalten zu können. Diese Forderung gilt jedoch nicht für Ballons mit einer Reißbahn, deren Länge mindestens ein Fünftel der Länge des Umfanges beträgt.

Artikel 123. Halte- oder Manövriergeräte, die in den vorhergehenden Artikeln nicht bezeichnet sind, können nach Prüfung durch einen Sportkommissar genehmigt werden, welcher andererseits Vollmacht besitzt, jedes System endgültig zurückzuweisen, dessen Anwendung er als gefährlich erachtet.

Artikel 124. Falls der zur Abgabe seines Urteils nach den Artikeln 102 ff. berufene Sachverständige seine Entscheidung dahin trifft, daß die Zurückweisung eines Geräts nötig wird, so ist dem Bewerber diese Zurückweisung durch den Organisationsausschuß mitzuteilen.

Kapitel IV.

Ausführung der Wettfahrten.

§ 1. Aufstiege.

Artikel 125. An dem für die Wettbewerbe festgesetzten Tage werden die Wettfahrten nach der Reihenfolge und den Bedingungen ausgeführt, welche das Programm bestimmt.

Die Aufstiege gehen in der Reihe der Einschreibungen oder in der durch das Los bestimmten Folge vor sich.

Der Aufstieg eines Bewerbers, der zur festgesetzten Zeit nicht zur Abfahrt bereit ist, wird auf eine spätere

Stunde verschoben, und zwar ganz nach dem Ermessen der Sportkommissare.

Alle Aufstiege bei einer und derselben Wettfahrt sollen grundsätzlich von demselben Platze aus stattfinden.

Artikel 126. Bei schlechtem Wetter oder sonstigen durch die Möglichkeit irgendeiner Gefahr gerechtfertigten Bedenken hat der Organisationsausschuß die Befugnis, die Art des Wettbewerbs zu ändern. Diese Änderung kann aber keine Änderung in der Zahl oder der Art der Preise nach sich ziehen. Im Falle absoluter Notwendigkeit kann der Organisationsausschuß die Wettfahrt vertagen. Diese Entscheidungen werden mit einfacher Stimmenmehrheit der anwesenden Mitglieder des Organisationsausschusses und nach Zustimmung der Sportkommissare getroffen.

§ 2. Sonderbedingungen.

Artikel 127. Wenn bei einer Wettfahrt ohne erlaubte Zwischenlandung der Luftschiffer nach einer Landung seine Fahrt fortsetzen will, so tut er dies auf eigene Rechnung und Gefahr, und er muß sich darüber klar sein, daß nur der erste Teil der Fahrt bei Zuerkennung der Preise wie auch der etwaigen Rückkehrsentschädigungen in Betracht kommt.

Etappenfahrten mit Nachfüllung bei Zwischenlandungen können unter den im § 6 des VI. Kapitels, Abschn. II angegebenen Bedingungen veranstaltet werden.

Artikel 128. Jede in den vorstehenden Artikeln nicht angegebene Übertretung zieht die Disqualifikation des Bewerbers nach sich.

Artikel 129. Wenn sich ein Bewerber bei einem Wettbewerb als notorisch unfähig erwiesen hat, so kann der Organisationsausschuß

1. ihm die für den fraglichen Wettbewerb kraft des Programms zugebilligten Vergünstigungen (Rückkehrsentschädigungen usw.) verweigern,

2. dahin entscheiden, daß er aus der Liste der Anmeldungen für andere Wettbewerbe gestrichen wird, wenn er darin stehen sollte.

Artikel 130. Bei den Dauerfahrten und den Weitfahrten kann, wenn die Zahl der Bewerber dies erlaubt, jede Serie zweistufige Wettbewerbe enthalten. Der Wettbewerb der zweiten Stufe vereinigt die bestqualifizierten Bewerber der ersten Stufe. Ihre Zahl wird von dem Organisationsausschuß nach dem Ergebnis des Wettbewerbes erster Stufe festgesetzt.

Artikel 131. Der Organisationsausschuß kann zu einem und demselben Wettbewerb zweiter Stufe Bewerber vereinigen, welche an Wettbewerben verschiedener Klassen teilgenommen haben.

Er kann sogar zu einer einzigen Wettfahrt Bewerber vereinigen, welche teils an Dauer-, teils an Weitfahrten teilgenommen haben. Er kann endlich, je nach den atmosphärischen Bedingungen, die Art — Dauer- oder Weitfahrt — dieser einzigen Wettfahrt zweiter Stufe noch im Augenblick des Aufstiegs der Ballons bestimmen.

Artikel 132. Die Ballons dürfen bei keinem Wettbewerb kaufmännische Zeichen tragen, außer der Fabrikmarke des Erbauers.

Kapitel V.

Kontrollmittel.

§1. Die verschiedenen Kontrollmittel.

Artikel 133. Als Beweismittel bei den Fahrten dienen, je nach dem Fall:

1. die amtliche Bestätigung seitens des Starters oder der Delegierten,
2. das Bordbuch,
3. Bescheinigungen der Zeugen der Landung oder der etwa stattgefundenen Zwischenlandungen,
4. Fragebogen, welche den Zeugen der Landung oder der etwa stattgefundenen Zwischenlandungen übergeben werden,
5. Fragebogen, welche im Verlauf der Fahrt ausgeworfen werden,
6. Kontrollinstrumente,
7. Nachfüllungsscheine,
8. Landungstelegramme,
9. eidesstattliche Erklärung,
10. Auszüge aus dem Katasterplan,
11. Verhöre oder Vernehmungen, die der Organisationsausschuß oder die Sportkommission etwa für nötig halten.

§2. Amtliche Bestätigung.

Artikel 134. Die Bestätigungen der Sportkommissare, Starter oder Delegierten werden gemäß den Vorschriften der Artikel 14, 19 und 20 erteilt.

Artikel 135. Jede amtliche Bestätigung gibt für die Entscheidungen der Sportkommission eine endgültige Grundlage ab. Die Bestätigungen der Starter oder der Delegierten können auf Verlangen von wenigstens zwei Interessenten nachgeprüft werden.

§ 3. Bordbuch.

Artikel 136. Jeder Ballonführer, der an einer Wettfahrt teilnimmt, muß ein Bordbuch führen, welches ihm, mit Namen versehen, im Augenblick der Abfahrt von einem Sportkommissar übergeben wird.

Das Bordbuch soll alle Einzelheiten der Fahrt, die eingeschlagene Bahn, die Abfahrtsstunde, interessante oder bemerkenswerte Orte, welche überflogen sind, Ort und Zeit der Zwischenlandungen, Fahrtunterbrechungen, die erreichten Höhen und überhaupt alle bemerkenswerten Umstände enthalten (Anhang 4).

Artikel 137. Jede Eintragung in das Bordbuch muß mit Zeitangabe versehen sein. Die eingetragenen Zeiten werden auf die amtliche Zeit des Abfahrtsortes bezogen. Infolgedessen sind die Ballonführer verpflichtet, vor der Abfahrt ihre Uhren nach der Uhr des Starters mit der amtlichen Zeit dieses Ortes in Übereinstimmung zu bringen.

Die Zeitangaben werden in das Bordbuch nach der Uhr des Führers eingetragen; jedoch ist bei der Landung außerdem noch die Zeit des Landungsortes (Eisenbahnzeit) im Bordbuch zu vermerken.

Artikel 138. Das Bordbuch wird vom Führer unterschrieben, welcher seine Erklärungen damit besiegelt. Es wird von den Gehilfen und Mitfahrern mitunterschrieben, unter Beifügung folgender Erklärung:

„Die Gehilfen und Mitfahrer, die sich an der Fahrt des von Herrn .... geführten Ballons .... beteiligt haben, bezeugen hiermit die Richtigkeit der oben über die Fahrt vom .... gemachten Angaben."

Die Eintragungen im Bordbuch dürfen nicht verwischbar sein.

Artikel 139. Das Bordbuch muß binnen 24 Stunden nach der endgültigen Landung dem Organisationsausschuß eingereicht werden, welcher darüber eine Empfangsbescheinigung ausstellt und es nach Abschluß des Wettbewerbs zurückgibt.

Im Falle eines Rekordversuchs muß sich, bei Strafe der Ungültigkeitserklärung, das Bordbuch stets unter den im Abschnitt V vorgesehenen Urkunden befinden, jedoch braucht eine Beglaubigung seitens eines Sportkommissars bei der Abfahrt nicht ausgestellt zu werden.

§4. Bescheinigungen der Zeugen der Landung oder der Zwischenlandungen.

Artikel 140. Die Bescheinigungen der Zeugen der Landung oder der Zwischenlandungen müssen die in Anhang 5 und 6 vorgeschriebenen Auskünfte enthalten.

Artikel 141. Wenn die Unterschrift oder das Siegel eines Gemeinde-, Staats- oder Eisenbahnbeamten nicht unter das Zeugnis gesetzt werden kann, so ist — besonders im Falle von Zwischenlandungen — dieser Tatsache mit Bestätigung durch die Zeugen der Landung oder der Zwischenlandungen Erwähnung zu tun.

Artikel 142. Den Zeitangaben in dieser Bescheinigung wird entweder die amtliche Zeit des Landungsortes oder die Eisenbahnzeit des Bezirks, in dem die Landung stattgefunden hat, zugrunde gelegt. Die Bescheinigung muß hierüber einen Vermerk enthalten.

Artikel 143. Der Organisationsausschuß hat den Bewerbern Formulare für Bescheinigungen in mehreren Sprachen nach dem Muster des Anhangs 5 mitzugeben.

Die Sportkommission muß derartige Formulare zur Verfügung des Organisationsausschusses bereit halten. Die vom Organisationsausschuß über den Abfahrtsort zu machenden Angaben werden vor dem Aufstieg in die betreffenden Formulare eingetragen.

Artikel 144. Die Bescheinigungen der Zeugen der Landung und der Zwischenlandungen werden dem Organisationsausschuß nach den gleichen Bedingungen wie die Bordbücher zugestellt und in derselben Frist von diesem wieder zurückgesandt.

§5. Fragebogen, welche den Zeugen der Landung oder der Zwischenlandungen übergeben werden.

Artikel 145. Die in mehreren Sprachen abgefaßten Fragebogen, die den Zeugen der Landung übergeben und von diesen direkt zurückgesandt werden sollen, sind den Bewerbern im Augenblick der Abfahrt auszuhändigen.

Diese Fragebogen werden nach den in Anhang 5 und 6 gegebenen Mustern aufgestellt.

Artikel 146. Die Ballonführer sollen diese Fragebogen solchen Zeugen der Landung oder der Zwischenlandungen übergeben, die ihnen am geeignetsten erscheinen (Staatsbeamten, Gemeindebeamten, Lehrern usw.), und gleichzeitig darum bitten, sie — nötigenfalls unfrankiert — dem Organisationsausschuß zu übersenden.

Einzelheiten über die Ausgabe der Fragebogen sind, wenn möglich, im Bordbuch zu vermerken (Zahl der verteilten Bogen, Namen der Zeugen usw.).

§ 6. Fragebogen, die während der Fahrt ausgeworfen werden.

Artikel 147. Vor der Abfahrt werden numerierte Fragebogen an die Bewerber ausgegeben. Diese sind nach dem im Anhang 7 gegebenen Muster aufzustellen.

Artikel 148. Diese Fragebogen sollen während der Fahrt ausgeworfen werden; sie sind zuvor in Tütenform zu rollen und leicht zu beschweren.

Sie sollen möglichst in der Nähe bewohnter Orte ausgeworfen werden, sobald man die Aufmerksamkeit der Bewohner erregt hat. Man soll sie auch dann, wenn Nebel die Erde verdeckt, sowie nachts auswerfen, um dadurch die eingeschlagene Bahn festzulegen.

Das Herabwerfen eines Fragebogens ist jedesmal unter Beifügung seiner Nummer im Bordbuch zu vermerken.

Die nicht gebrauchten Formulare sind mit dem Bordbuch zurückzureichen.

§ 7. Kontrollinstrumente.

Artikel 149. Die Bewerber sind verpflichtet, diejenigen Kontrollinstrumente an Bord zu nehmen, welche die Sportkommissare als notwendig erachten. Sie haben alle Maßnahmen zu treffen, um sie in gutem

Zustande zurückzubringen. Wenn nötig, muß der Bewerber die Instrumente nach den ihm vor der Abfahrt gegebenen Anweisungen wieder in Ordnung bringen.

Die Kontrollinstrumente sind dem Organisationsausschuß mit allen nötigen Vorsichtsmaßregeln zurückzugeben oder zurückzusenden; sind sie versiegelt übergeben worden, so müssen die Siegel unverletzt sein.

§ 8. Nachfüllungsscheine.

Artikel 150. Nachfüllungsscheine werden den Bewerbern vor der Abfahrt übergeben. Diese Scheine werden nach dem im Anhang 8 gegebenen Muster aufgestellt.

Sie werden von einem Sportkommissar mit Namen versehen und sollen eine Quittung über die vom Bewerber ausgegebene Geldsumme aufweisen, sowie den Preis für das Kubikmeter Gas enthalten.

Die Scheine werden dem Organisationsausschuß zugleich mit dem Bordbuch eingereicht.

§ 9. Telegramme.

Artikel 151. Nach der endgültigen Landung haben die Bewerber sobald wie möglich dem Ausschuß hiervon unter kurzer Angabe der Zeit der Landung, der nächsten Stadt und gegebenenfalls schwerer Unfälle telegraphisch Mitteilung zu machen. Dieses Telegramm muß an die von dem Organisationsausschuß im Programm bezeichnete Stelle gehen.

§ 10. Eidesstattliche Versicherungen.

Artikel 152. Bleibt infolge höherer Gewalt eine Lücke in den Beweismitteln über den Verlauf der Wettfahrt, so kann der Bewerber die für seine Rangfolge nötigen Angaben in Form einer Erklärung vor einer Kommission ergänzen, die aus sechs Mitgliedern besteht, nämlich: zwei Bewerbern, dem Vorsitzenden und dem Schriftführer des Organisationsausschusses und zwei Sportkommissaren.

Der Bewerber muß einen Eid leisten; im Protokoll ist dies zu erwähnen.

Jede nach dem Verhör seitens der Sportkommission als falsch erkannte Erklärung zieht die Disqualifikation des Bewerbers auf Lebenszeit nach sich.

§ 11. Auszüge aus dem Katasterplan.

Artikel 153. Bei Wettbewerben der dritten Art können die Bewerber ihren Dokumenten einen Auszug aus dem Katasterplan beifügen, auf dem der Landungs- oder Zwischenlandungspunkt angegeben ist.

Bei Einspruch von Mitbewerbern muß der Organisationsausschuß den Plan an Ort und Stelle gemäß Artikel 154 auf Kosten der beteiligten Bewerber prüfen.

§ 12. Verhöre oder Untersuchungen.

Artikel 154. In Zweifels- oder Streitfällen kann der Organisationsausschuß zu Verhören schreiten, welche er zu möglichst genauer Feststellung der Beweismittel geeignet erachtet. In gewissen Fällen kann er eins oder mehrere seiner Mitglieder an Ort und Stelle senden, damit sie dort eine Untersuchung anstellen.

Kapitel VI.

Kontrollmaßnahmen, die bei den einzelnen Arten von Wettfahrten anzuwenden sind.

§1. Weitfahrten (mit oder ohne Zwischenlandungen).

Artikel 155. Unter der vom Ballon zurückgelegten Entfernung versteht man die Länge des größten Kreisbogens, welcher die Projektionen des Abfahrts- und des Landungspunktes auf das Meeresniveau miteinander verbindet. Die Preise werden den Führern verliehen, welche nach dieser Berechnung die größten Entfernungen zurückgelegt haben.

Artikel 156. Ein Punkt, den der Bewerber aufs genaueste festzustellen hat, ist der Landungspunkt. Er wird bestimmt:

1. durch das Bordbuch, in welchem die Entfernung des Landungspunktes von den benachbarten Orten und Bahnstationen und außerdem die genaue Zeit der Landung nach der amtlichen Zeit des Aufstiegsortes zu erwähnen ist;
2. durch Bescheinigungen von Zeugen der Landung;
3. durch die diesen Zeugen übergebenen Fragebogen.

§2. Dauerfahrten (mit oder ohne Zwischenlandungen).

Artikel 157. Als Dauer der Fahrt gilt die Zeit, welche von dem durch den Starter festgestellten Zeitpunkt des Aufstiegs bis zu dem der endgültigen Landung verflossen ist, abzüglich der Zeitdauer der etwaigen Zwischenlandungen.

Die Preise werden den Führern zuerkannt, welche die längste Fahrtdauer erzielt haben.

Mit absoluter Genauigkeit müssen festgestellt werden:

1. die Abfahrtszeit,
2. die endgültige Landungszeit,
3. die Ankunfts- und Abfahrtszeiten bei etwaigen Zwischenlandungen.

Artikel 158. Die Abfahrtszeit wird vom Starter festgestellt. Wenn es sich ermöglichen läßt, wird sie bei der Abfahrt dem Führer zur Eintragung in das Bordbuch mitgeteilt.

Ein Ballon wird in dem Augenblick als aufgestiegen betrachtet, wenn derjenige, welcher mit der Feststellung der Abfahrt beauftragt ist, zuerst den Boden des Korbes sieht, vorausgesetzt, daß zwischen dem Ballon und dem Erdboden keine Verbindung mehr besteht.

Artikel 159. Die Landungszeit wird durch das Bordbuch, die Bescheinigungen der Zeugen der Landung oder der Zwischenlandungen, die Fragebogen und Kontrollinstrumente festgestellt.

Wenn die Landung nachts oder ohne Zeugen stattgefunden hat, so ist dies im Bordbuch zu erwähnen. Als Landungszeit gilt der Zeitpunkt, in dem der Ballon aufhört zu fahren, und nicht derjenige, in dem der Korb die Erde berührt. Die Fahrt ist beendet, sobald der Ballon gefesselt ist. Ein Ballon ist gefesselt, sobald er irgend einen seiner Zubehörteile nicht mehr zieht.

Artikel 160. Die Zwischenlandungszeiten werden ebenso festgestellt, wie es oben für die endgültige Landungszeit angegeben ist. Die Abfahrtszeiten bei den Zwischenlandungen werden durch das Bordbuch, die Bescheinigungen der Zeugen und die Kontrollinstrumente bestimmt. Jeder freiwillige Halt eines Ballons und jeder unfreiwillige, der länger als eine Viertelstunde dauert, ist als Zwischenlandung anzusehen und als solche einzutragen. Die Fahrtlinie des Ballons wird nach dem Bordbuch und nach den herausgeworfenen Fragebogen festgestellt.

§ 3. Zielfahrten nach einem vorher festgesetzten Punkte.

Artikel 161. Die Preise werden den Bewerbern zuerkannt, die dem zuvor als Landungsziel bestimmten Punkte am nächsten gekommen sind.

Die Entfernung des Ballons vom Ziel darf durch Führung am Schlepptau nicht verändert werden.

Das Ziel wird von dem Organisationsausschuß festgesetzt. Dieser hat jeden Bewerber über das Ziel zu unterrichten und es im Bordbuch zu verzeichnen.

Der Starter macht denselben Vermerk auf dem Abfahrtsschein.

Artikel 162. Die Wahl des Zielpunktes kann auch den Bewerbern, innerhalb der vom Organisationsausschuß für seine Entfernung festgesetzten Grenzen, überlassen werden. Die Bewerber vermerken den gewählten Punkt in versiegeltem Umschlag, den sie dem Starter übergeben.

Das Landungsziel muß stets genau bezeichnet werden.

Artikel 163. Die Bestimmung des Landungsortes muß mit möglichster Genauigkeit vorgenommen werden. Sie erfolgt durch

1. das Bordbuch,
2. die Bescheinigungen der Zeugen der Landung,
3. die denselben übergebenen Fragebogen.

Auf allen vorerwähnten Urkunden ist der Landungspunkt mit möglichster Genauigkeit zu bezeichnen, und zwar derart, daß die Entfernung von zwei bemerkenswerten Punkten (Kirche, Straßenkreuzung usw.) oder der seitliche Abstand zum Beispiel von einem Weg angegeben wird. Die Bewerber sollen außerdem den Landungspunkt so genau wie möglich in eine Karte großen Maßstabes eintragen; hierzu kann auch eine Durchzeichnung des Katasterplans verwendet werden. Der Organisationsausschuß muß es möglich zu machen suchen, daß ein Delegierter sich vor der Ankunft der Bewerber an dem festgesetzten Punkte einfindet.

Artikel 164. Wenn der Organisationsausschuß den Bewerbern eine Rückkehrsentschädigung bewilligt, so wird sie höchstens für eine Entfernung gewährt, welche um ein Viertel größer ist als die Entfernung vom Aufstiegsort zum festgesetzten Zielpunkt; auch darf dieses Viertel fünfundzwanzig Kilometer nicht überschreiten. Über dieses Maximum hinaus fallen die Mehrunkosten dem Bewerber zur Last. Die Rückkehrsentschädigung kann versagt werden, falls der Landungsort vom Aufstiegsort doppelt so weit entfernt ist als der festgesetzte Zielpunkt, unter den im Artikel 175 vorgesehenen Vorbehalten.

§ 4. Zielfahrten nach einer vorher festgesetzten geraden oder gekrümmten Linie.

Artikel 165. Die Preise werden denjenigen Bewerbern zuerkannt, die der festgesetzten Linie am nächsten kommen. Zu dieser vom Organisationsausschuß festzusetzenden Linie kann die Verbindungslinie zweier Dörfer, ein Wasserlauf, Höhenzug, Talweg u. a. gewählt werden.

Artikel 166. Die Bekanntgabe der gewählten Linie, die Kontrollmaßnahmen usw. erfolgen in gleicher Weise wie für Zielfahrten nach einem festgesetzten Punkte.

Artikel 167. Falls der Organisationsausschuß Rückkehrsentschädigungen zugesteht, so werden sie nach den im Artikel 164 enthaltenen Bestimmungen festgesetzt.

§ 5. Zielfahrten nach einem umgrenzten Raume mit frei gewähltem Aufstiegsort.

Artikel 168. Diese Wettfahrt hat zum Zweck die Landung innerhalb eines umgrenzten Raumes, und zwar möglichst nahe seiner Mitte. Der Bewerber kann von irgendeinem beliebigen Punkte aufsteigen, doch muß dessen Entfernung von dem Zielpunkte sich innerhalb der vom Organisationsausschuß festgesetzten Grenzen halten.

Artikel 169. Der Bewerber kann seine Abfahrtszeit mit der Einschränkung beliebig wählen, daß sie zwischen zwei durch das Programm festgesetzten Zeitpunkten liegen muß.

Artikel 170. Jeder Teilnehmer muß seine Abfahrt zwei Stunden zuvor durch Telegramm dem Vorsitzenden des Organisationsausschusses, wie auch einem oder mehreren Delegierten, wenn solche innerhalb des zu erreichenden Raumes wohnen, ankündigen.

Artikel 171. Die Preise werden denjenigen Bewerbern zuerkannt, welche dem vom Organisationsausschuß bezeichneten Punkte am nächsten gelandet sind. Ist ein Bewerber außerhalb des umgrenzten Raumes gelandet, so wird ihm keinerlei Belohnung bewilligt.

Artikel 172. Es gilt zu bestimmen:

1. den Aufstiegsort, um festzustellen, daß er die vom Organisationsausschuß vorgeschriebene Entfernung von dem Zielpunkte hat,

2. den genauen Landungspunkt.

Artikel 173. Die Feststellung des Aufstiegsortes erfolgt nach dem Bordbuch, in welches der Bewerber durch Zeugen nach den im Artikel 146 enthaltenen Anweisungen eine Bescheinigung eintragen lassen muß.

Artikel 174. Die genaue Bestimmung des Landungspunktes erfolgt nach Artikel 163.

Artikel 175. Wenn der Organisationsausschuß den Bewerbern Rückfahrtsentschädigung bewilligt, so wird sie vom Landungs- zum Aufstiegspunkte oder für eine gleichlange Strecke nach den im Art. 56 festgesetzten Bedingungen gewährt. In diesem Falle muß die Entschädigung allen Bewerbern gezahlt werden, die innerhalb des umgrenzten Raumes gelandet sind; sie kann aber auch solchen zugestanden werden, welche sich vom Ziel um nicht mehr als ein Zehntel des Abstandes zwischen Aufstiegs- und Zielpunkt entfernt haben.

§6. Etappenfahrten mit Nachfüllung.

Artikel 176. Es können Fahrten mit dem Recht der Nachfüllung bei Zwischenlandungen veranstaltet werden.

Der Organisationsausschuß kann für die Nachfüllungen entweder völlig freie Hand lassen oder die Grenzen von Zeit und Raum festsetzen, innerhalb deren sie erfolgen müssen.

In jedem Falle haben die Bewerber in den Gasanstalten den im Artikel 150 vorgeschriebenen Nachfüllungsnachweis ausfüllen zu lassen.

Artikel 177. Der Ballon ist zum Halten gezwungen, sobald er nicht mehr das Gewicht seines Materials, wie es im Artikel 43 erklärt ist, zu tragen vermag.

Um so mehr ist vollständige Erneuerung der Füllung verboten.

Artikel 178. Zeit und Strecke der Führung des Ballons am Tau dürfen niemals mitgerechnet werden. Welcher Zeitpunkt als Beginn der Zwischenlandung anzusehen ist, geht aus den Bestimmungen im Artikel 160 hervor; sie endet mit dem Augenblick, in dem der Ballon wieder auffahrend die Berührung mit der Erde verliert.

Artikel 179. Aufgabe des Wettbewerbs kann möglichst weite Fahrt mit oder ohne Zeitbegrenzung sein; die Gesamtstrecke berechnet man, indem man die geradlinigen Verbindungen der Zwischenlandungspunkte zusammenzählt. Die Zwischenlandungspunkte werden nach Artikel 156 bestimmt.

Artikel 180. Der Wettbewerb kann auch eine geschlossene Fahrstrecke zum Zweck haben. Der Organisationsausschuß muß die Mindestentfernung vom Aufstiegsort bis zur ersten Zwischenlandung bestimmen.

Die Festsetzung der Preisansprüche kann auf verschiedene Weise erfolgen; sie wachsen:

1. mit der Größe der Entfernungen vom Abfahrts- zum endgültigen Landungsort, oder
2. mit abnehmendem Verhältnis zwischen der Gesamtfahrtlänge und den Abständen der korrespondierenden Landungspunkte vom Aufstiegsort, oder
3. mit abnehmendem Verhältnis der Entfernungen zwischen dem Aufstiegspunkt und dem am weitesten entlegenen Zwischenlandungspunkte einerseits und dem endgültigen Landungspunkte andererseits. Die Landungs- und Zwischenlandungspunkte werden nach Artikel 156 festgestellt.

§ 7. Wettbewerbe nach Vertikalstabilität.

Artikel 181. Es können drei Arten von Wettbewerben nach Vertikalstabilität veranstaltet werden:

1. Wettbewerbe nach Regelmäßigkeit der Fahrt,
2. „ „ Horizontalität „ „
3. „ „ Höhenwechsel.

Artikel 182. Die Wettbewerbe nach Regelmäßigkeit der Fahrt zerfallen wiederum in drei Arten:

a) Wettbewerbe von Ballons, die nur mit Ballast manövrieren,

b) Wettbewerbe von Ballons, die mit Ballonet und Ballast manövrieren,

c) Wettbewerbe von Ballons, die einmal nur mit Ballast, einmal mit Ballonet und Ballast manövrieren.

A r t i k e l 183. Bei Wettbewerben nach Horizontalität und Höhenänderungen sind alle Einrichtungen für vertikale Gleichgewichtserhaltung zulässig, sofern sie nicht als gefährlich erkannt worden sind.

A r t i k e l 184. Die Ballons, welche an den drei Arten von Stabilitätswettbewerben teilnehmen, werden durch Klasseneinteilung und Ballast handikapiert.

A r t i k e l 185. Bei allen Wettbewerben nach Vertikalstabilität ist es verboten, Ballast abzugeben oder neu einzunehmen, Mitfahrer auszusetzen, Zwischenlandungen und Nachfüllungen vorzunehmen und bei der eigentlichen Fahrt, d. h. von der Landung abgesehen, am Schlepptau zu fahren.

1. Wettbewerb nach Regelmäßigkeit der Fahrt.

A r t i k e l 186. Die Preise werden denjenigen Bewerbern zuerkannt, deren Ballons während der längsten Zeit und in der sparsamsten Weise eine Fahrtlinie erzielt haben, welche, im Aufriß gezeichnet, die geringsten Krümmungen zeigt.

Für die Bewertung der Ergebnisse gilt die Formel

$$\frac{X}{E} \times \frac{1000}{\frac{P}{T}} \times T.$$

Hierin bedeuten: X die Abszisse des Fahrtdiagramms, E die entwickelte Länge desselben, P die im ganzen verbrauchte Ballastmenge und T die gesamte Fahrzeit.

2. Wettbewerbe nach Horizontalität der Fahrt.

A r t i k e l 187. Die Preise werden denjenigen Bewerbern zuerkannt, welche sich am genauesten, am sparsamsten und am längsten in einer festgesetzten Höhe gehalten haben, wobei sie die Gleichgewichtslage so früh wie möglich erreicht und so spät wie möglich verlassen haben sollen. Die Bewertung der Ergebnisse erfolgt wie bei den Wettbewerben nach Regelmäßigkeit der Fahrt, nur tritt hier als Ordinate noch in die Rechnung die vorgeschriebene Höhe Y ein, deren doppelter Betrag von E abgezogen wird, so daß die Formel nun lautet:

$$\frac{X}{E-2Y} \times \frac{1000}{\frac{P}{T}} \times T.$$

3. Wettbewerbe nach Höhenwechsel.

Artikel 188. Die Preise werden denjenigen Bewerbern zuerkannt, deren Ballons in der sparsamsten Weise und längsten Zeit eine Fahrtlinie erzielt haben, die im Aufriß die größten Krümmungen aufweist.

In der Formel für die Bewertung der Ergebnisse dieser Wettbewerbe

$$\frac{E}{X} \times \frac{1000}{\frac{P}{T}} \times T$$

erscheint naturgemäß das erste Glied als Reziprokes des ersten Gliedes der Formel im Artikel 186.

§ 8. Handikapierte Wettbewerbe.

Artikel 189. Bei dem Handikap durch Ballast empfangen die Bewerber die zur Führung verfügbare Ballastmenge in offenen Säcken. Die nicht zur Verfügung stehenden Ballastsäcke sind plombiert. Als verfügbarer Ballast werden alle im Artikel 43 nicht angeführten Zubehörteile angesehen.

Den Bewerbern steht es frei, Zubehörteile zu bezeichnen, welche als plombierter Ballast gelten sollen.

Artikel 190. Eigentlich soll der plombierte Ballast dem Organisationsausschuß unberührt zurückgesandt werden. Es kann aber dem Bewerber auch gestattet werden, sich über das Vorhandensein und das Gewicht desselben bei der Landung durch Gemeinde-, Staats- oder Eisenbahnbeamte ein Zeugnis ausstellen zu lassen. Hierin muß die Zahl der Säcke, die der Bewerber versiegelt vorgezeigt hat, angegeben sein. Falls der Bewerber gemäß Artikel 189 Zubehörteile als plombierten Ballast hat bezeichnen lassen, so muß das Zeugnis eine namentliche Aufzählung dieser Gegenstände enthalten. Der Bewerber hat diese Angaben in sein Bordbuch abzuschreiben und ebenso Namen, Stand und Adressen der Zeugen zu vermerken.

Artikel 191. Der Bewerber hat ferner in seinem Bordbuch zu erklären, daß er während der Fahrt kein Stück des als plombierter Ballast bezeichneten Zubehörs entfernt hat. Diese Erklärung ist von den Gehilfen und Mitfahrern zu beglaubigen.

Abschnitt III.[1])

Wettbewerbe für Motorballons.

Klasse B.

Kapitel I.

Allgemeine Bedingungen.

§ 1. Art der Wettbewerbe.

Artikel 192. Motorballons werden nur dann zu Wettbewerben zugelassen, wenn eine offizielle Feststellung ergeben hat, daß ihre Konstruktion und ihre Manövrierfähigkeit alle Bedingungen hinsichtlich vollkommener Sicherheit erfüllen.

Diese Bedingungen werden durch aeronautische Sachverständige festgesetzt, die als Richtschnur für ihre Prüfung die von der Ständigen Internationalen Kommission für Luftschiffahrt angenommenen Grundsätze (s. Anhang 9) zu betrachten haben.

Artikel 193. Es gibt drei Arten von Wettbewerben für Motorballons, und zwar: Wettbewerbe hinsichtlich der Eigengeschwindigkeit, des Leistungswertes und der Lenkbarkeit.

§ 2. Wettbewerbe hinsichtlich der Eigengeschwindigkeit.

Artikel 194. Beim Wettbewerb hinsichtlich der Eigengeschwindigkeit kommt es darauf an, die

---

[1]) Der Internationale Luftschiffer-Verband hat in seiner Sitzung am 14. Oktober 1905 bestimmt, daß die Anwendung der in diesem Abschnitt enthaltenen Bestimmungen bis auf Weiteres freiwillig ist.

größtmögliche Geschwindigkeit gegenüber der als unbewegt gedachten Luft zu erreichen. Diese Geschwindigkeit wird in voller Fahrt direkt oder indirekt gemessen. Abfahrts- und Landungsmanöver haben mit diesen Wettbewerben nichts zu tun.

Artikel 195. Wenn man die Eigengeschwindigkeit direkt messen will, so darf man nur die von der Sportkommission angenommenen Methoden und Instrumente benutzen. Registrierapparate sind dem Luftschiffer versiegelt zu übergeben und von diesem mit unverletzten Siegeln zurückzugeben. Erfordern die Apparate Bedienung, so nimmt ein zu diesem Zwecke besonders ernannter Starter an Bord Platz.

Artikel 196. Bei der indirekten Methode, die zweckmäßiger ist, sieht man von jeder Windmessung ab und leitet die Eigengeschwindigkeit aus einer genügend großen Zahl von Beobachtungen der absoluten Geschwindigkeit ab.

Man kann zu diesem Zweck folgende Methoden anwenden:

Abtreiben und Rückfahrt,
Hin- und Rückfahrt im Windstrich,
Umfahren eines Polygons, besonders eines Quadrates.

Diese Methoden und ihre Anwendungen sind im Anhang 10 ausführlich beschrieben.

Artikel 197. Die Eigengeschwindigkeits-Wettbewerbe haben auf besonderen Übungsplätzen stattzufinden. Die Luftschiffe müssen mit eigenen Mitteln über dem Anfangspunkt eintreffen; nach Erreichung des Endpunktes der Probefahrt sind sie frei in ihren Bewegungen, vorausgesetzt, daß sie ihre Mitbewerber nicht stören.

Artikel 198. Bei diesen Wettbewerben ist es gestattet, nach der absoluten Geschwindigkeit zu klassifizieren und die Sieger hiernach zu prämiieren; aber die Berechnung der Eigengeschwindigkeit muß, wenn nur irgend möglich, trotzdem erfolgen, und die hiernach aufzustellende Reihenfolge soll dann als Grundlage für die Gewährung besonderer Anerkennungen dienen.

Artikel 199. Die Berechnungen der Eigengeschwindigkeit unterliegen der Prüfung der Sportkommission, der alle Einzelbeobachtungen mitzuteilen sind.

Artikel 200. Die Zulassung zu den Eigengeschwindigkeits-Wettbewerben ist im allgemeinen nur an die Bedingung vollkommener Sicherheit geknüpft; indessen können bestimmte Wettbewerbe solchen Motorballons vorbehalten werden, die nach vorschriftsmäßig geführtem Nachweis eine festgesetzte Mindestgeschwindigkeit überschritten haben.

§3. Wettbewerbe nach Leistungswert.

Artikel 201. Die Wettbewerbe nach Leistungswert bezwecken, die Regelmäßigkeit der Fahrt und die ununterbrochene Arbeitsleistung der Motorballons festzustellen.

Diese Wettbewerbe müssen länger als die Eigengeschwindigkeits-Wettbewerbe, und zwar mindestens zwei Stunden dauern.

Artikel 202. Die Wettbewerbe nach Leistungswert können zum Gegenstande haben:

1. größte Dauer der Fahrt unter beständiger Einhaltung einer Eigengeschwindigkeit, die ein vorgeschriebenes Minimum erreicht oder überschreitet;

2. größte mittlere Eigengeschwindigkeit während einer bestimmten Zeit;

3. Zurücklegung der größten Strecke gegenüber der als unbewegt betrachteten umgebenden Luft, mit oder ohne Verbindung mit Dauerfahrt oder Eigengeschwindigkeitsminimum;

4. Verbrauch für eine Fahrt von 1 Stunde oder 1 Kilometer gegenüber der als unbewegt betrachteten Luft, mit Eigengeschwindigkeitsminimum;

5. Dauerfahrt längs vorgeschriebenem Weg;

6. Geschwindigkeit, gemessen am Erdboden, längs vorgeschriebenem Weg;

7. zurückgelegte Strecke, gemessen am Erdboden, längs vorgeschriebenem Weg;

8. Verbrauch für je 1 Stunde oder 1 Kilometer längs vorgeschriebenem Weg.

Artikel 203. Bei allen diesen Wettbewerben kann man:

a) Stillstand des Motors, Zwischenlandungen und Fahrtmittelergänzungen untersagen;

b) Stillstand des Motors erlauben, Zwischenlandungen und Fahrtmittelergänzungen aber untersagen;

c) Stillstand des Motors und Zwischenlandungen erlauben, Fahrtmittelergänzungen aber untersagen;

oder endlich

d) Stillstand des Motors, Zwischenlandungen und Fahrtmittelergänzungen sämtlich erlauben.

Artikel 204. Man kann bei diesen Wettbewerben nach Belieben Abfahrts- und Landungsmanöver einschalten; doch müssen bei derartigen Manövern mindestens zwei Stunden zwischen einer Abfahrt und der darauf folgenden Landung verstreichen.

Artikel 205. Die Wettbewerbe nach Leistungswert können entweder auf einem Aerodrom oder auf einer besonders ausgewählten Wegstrecke oder teils auf die eine, teils auf die andere Art stattfinden.

Die Wegstrecken außerhalb eines Aerodroms sind durch genügend weit voneinander entfernte Punkte zu kennzeichnen; das Luftschiff muß die Fahrt über diese Punkte nachweisen.

Als Nachweis für die Fahrt über die vorgeschriebenen Punkte dient entweder eine Zwischenlandung oder die Durchfahrt zwischen zwei Beobachtungsständen, welche zu beiden Seiten des namhaft gemachten Punktes liegen.

Artikel 206. Jedes Luftschiff, welches an einer Prüfung des Leistungswerts teilnehmen will, muß vorher einen Eigengeschwindigkeitswettbewerb mitgemacht haben.

Bei gewissen Wettbewerben kann sogar die Beteiligung davon abhängig gemacht werden, ob schon vorher eine Eigengeschwindigkeit nachgewiesen worden ist, die ein vorgeschriebenes Minimum erreicht oder überschreitet oder aber zwischen zwei gegebenen Grenzwerten liegt.

§ 4. Wettbewerb bezüglich der Lenkbarkeit.

Artikel 207. Die Wettbewerbe bezüglich der Lenkbarkeit bestehen darin, daß die Luftschiffe von einem bestimmten Platz abfahren und nach Erfüllung gewisser Bedingungen ebendahin zurückkehren oder ein anderes, vorher bezeichnetes Ziel aufsuchen.

Artikel 208. Die Prüfungen der Lenkbarkeit sind von kurzer Dauer und dürfen nicht in solche der Eigengeschwindigkeit oder des Leistungswertes umgewandelt werden. Wenn jedoch bei diesen Prüfungen Messungen der Eigengeschwindigkeit sich ermöglichen lassen, so sind ihre Ergebnisse der Sportkommission einzusenden.

Artikel 209. Die Aufgaben, die bei den Prüfungen der Lenkbarkeit zu erfüllen sind, können unendlich verschieden sein. Solche Aufgaben sind: Fahrt entlang einer vorgeschriebenen Bahn, zu einer oder mehreren festgesetzten Höhen, längere oder kürzere Fahrt innerhalb bestimmter Höhengrenzen, Umfahrungen fester oder beweglicher Beobachtungsstände u. a. m.

Die Preise können den Bewerbern zuerkannt werden, die am schnellsten die gestellte Aufgabe lösen oder nach ihrer Lösung am genauesten hinsichtlich der im Programm vorgeschriebenen Zeit oder Entfernung landen.

Artikel 210. Ein Luftschiff wird nur dann zu einem Wettbewerb bezüglich der Lenkbarkeit zugelassen, wenn seine Eigengeschwindigkeit vorher festgestellt worden ist.

Abschnitt IV.[1]

Wettbewerbe und Rekorde für Flugapparate.

Klasse A: Ohne Motor.

Artikel 211. Das vorliegende Reglement gilt für Gleitflugapparate ohne Motor. Diese Apparate können bemannt oder nicht bemannt sein, und ihre Prüfungen sind danach verschieden.

Artikel 212. Die bemannten Apparate werden zum Wettbewerb erst dann zugelassen, wenn sie durch vorgängige private, vorschriftsmäßig bestätigte Versuche ihre Festigkeit und Stabilität erwiesen haben.

Artikel 213. Bei jeder der oben bezeichneten Gattungen sind Rekordversuche und Wettflüge zu unterscheiden.

Artikel 214. Es sind dreierlei Rekordprüfungen zulässig. Diese beziehen sich auf:

1. den Neigungswinkel der Flugbahn,
2. die Tragfähigkeit,
3. die spezifische Leichtigkeit.

Außerdem kann der Gesamtwert der Apparate nach Artikel 219 bestimmt werden.

Artikel 215. Bei den Erprobungen des Neigungswinkels der Flugbahn soll der Landungspunkt in einem durch die Kommission bestimmten Kreis-

---

[1]) s. Bem. S. 80.

ausschnitt liegen, dessen Mittelpunkt mit dem Abfahrtspunkt zusammenfällt.

Die Achse dieses Kreisausschnittes soll grundsätzlich gegen den Wind gerichtet sein, und sein Winkel soll 40 ° nicht überschreiten.

Man beobachtet den Apparat beim Überfliegen zweier Merklinien, welche seine Bahn rechtwinklig schneiden, mißt jedesmal die Höhe über der Merklinie und notiert genau die Zeit. Außerdem muß ein Anemometer mindestens zehn Meter oberhalb der Spitze des Hügels aufgestellt sein, von dem die Apparate abgelassen werden.

Wenn E den horizontalen Abstand der beiden Merklinien, E' den zwischen beiden Beobachtungen vom Winde zurückgelegten Weg und H die Fallhöhe des Apparates im gleichen Zeitraum bedeutet, so ergibt sich als Funktion (Tangente) des Neigungswinkels α der Quotient

$$a = \frac{H}{E + E'}.$$

Dieser Quotient hat als Grundlage für die Zuerteilung der Preise oder für die Feststellung des Rekordes hinsichtlich des geringsten Neigungswinkels der Flugbahn zu dienen.

Artikel 216. Die Tragfähigkeit Q eines frei schwebenden Apparates ist gleich dem Verhältnis $\frac{\lambda}{\lambda'}$, wo λ seine Belastung für ein Quadratmeter und λ' die Belastung eines Fallschirmes bedeutet, der senkrecht mit derselben Geschwindigkeit V fällt.

Um λ zu erhalten, braucht man nur in der Ruhelage das Gewicht P des Apparates und seine Fläche S zu bestimmen. Dann hat man

$$\lambda = \frac{P}{S}.$$

Andererseits mißt man die Fallhöhe H während einer gegebenen Zeit θ, dann ergibt sich für die Fallgeschwindigkeit

$$V = \frac{H}{\theta}.$$

Mit diesem Wert berechnet man die Belastung λ', welche der mit der gleichen Geschwindigkeit senkrecht fallende Fallschirm haben würde, nach der Formel

$$\lambda' = 0.085\ V^2.$$

Der so erhaltene Quotient

$$\frac{\lambda}{\lambda'} = Q$$

hat als Grundlage für die Zuerteilung der Preise und für die Feststellung des Rekordes hinsichtlich der Tragfähigkeit zu dienen.

Hierbei braucht man die Windgeschwindigkeit nicht zu messen.

Artikel 217. Für die spezifische Leichtigkeit gilt die Formel

$$l = \frac{P'}{P''},$$

wo P' das getragene Nutzgewicht, P'' das Gewicht des Gerippes mit Einschluß der Flügel bedeutet.

P' und P'' sind in der Ruhelage leicht zu bestimmen.

Der Wert l hat als Grundlage für die Zuerteilung der Preise und für die Feststellung des Rekordes hinsichtlich der spezifischen Leichtigkeit zu dienen.

Artikel 218. Bei den in den Artikeln 215 und 216 bezeichneten Prüfungen sind jedesmal drei Versuche auszuführen und aus ihren Ergebnissen das Mittel zu nehmen.

Artikel 219. Der Gesamtwert wird durch die Gesamtzahl der Punkte bezeichnet, welche einem Apparat zugeschrieben werden, und zwar im einzelnen nach Maßgabe seiner Wertbestimmung hinsichtlich 1. seines Flugbahn-Neigungswinkels (C), 2. seiner Tragfähigkeit (C') und 3. seiner spezifischen Leichtigkeit (C'').

Jeder dieser drei Faktoren schwankt zwischen 0 und 20. Den Gesamtwert erhält man nach der Formel:

$$G = C + C' + \tfrac{1}{2}\, C''.$$

Die einzelnen Faktoren sind nach folgenden Formeln zu bestimmen:

1. für den Neigungswinkel:

$C = \frac{1}{a}$, Höchstwert (20 Punkte) für $a = \frac{1}{20}$;

2. für die Tragfähigkeit:

$C' = \frac{1}{5}\, Q$, Höchstwert (20 Punkte) für $Q = 100$;

3. für die spezifische Leichtigkeit:

$C'' = 4\, l$, Höchstwert (20 Punkte) für $l = 5$.

Artikel 220. Die Bestätigung der Rekorde kann für jede der drei Prüfungen (Neigungswinkel, Tragfähigkeit und spezifische Leichtigkeit) erfolgen. Die Bestimmung des Gesamtwertes soll nicht mit der Bestätigung eines Rekordes gleichbedeutend sein.

Artikel 221. Für die Wettbewerbe gilt im großen und ganzen die im Artikel 214 angegebene Dreiteilung; da jedoch die Methoden der Messung hierbei vereinfacht sind, so können die gewonnenen Ergebnisse nicht in Rekorde umgewandelt werden.

Artikel 222. Folgende Wettbewerbe sind zulässig:

1. für größten zurückgelegten Weg,
2. für längste Schwebezeit,
3. für größte spezifische Leichtigkeit,
4. nach Gesamtwert.

Artikel 223. Bei der ersten Art von Wettbewerben hat man ebenso zu verfahren wie bei dem Rekordversuch bezüglich der geringsten Neigung der Flugbahn, nur mit dem Unterschiede, daß man den Abstand zwischen einer von der Kommission zu bezeichnenden Linie, welche der Apparat in voller Fahrt zu überfliegen hat, und dem ersten bei seiner Landung berührten Punkte der Erdoberfläche bestimmt.

Artikel 224. Bei der zweiten Art von Wettbewerben hat man wie bei dem Rekordversuch bezüglich der Tragfähigkeit zu verfahren, nur mit dem Unterschiede, daß man einfach die Fallhöhe zwischen den beiden im Artikel 216 bezeichneten Grenzen rechnet.

Artikel 225. Bei der dritten und vierten Art von Wettbewerben hat man nach den in den Artikeln 217 und 219 gegebenen Vorschriften zu verfahren.

Klasse B: Mit Motor.

Artikel 226. Die Apparate, welche die Bedingungen des Artikels 212 erfüllt haben, können an folgenden Wettbewerben teilnehmen:
1. Wettbewerb hinsichtlich der Eigengeschwindigkeit,
2. „ „ des Leistungswertes,
3. „ „ der Lenkbarkeit,
4. „ „ „ Höhe.

Artikel 227. Die Apparate zerfallen in Klassen nach Maßgabe des marschfähigen Gesamtgewichtes.

Man hat zu unterscheiden:

Klasse I: Gesamtgewicht unter 300 kg (im allgemeinen 1 Person),

„ II: „ von 300—600 kg (2 Personen),

„ III: „ über 600 kg (mehr als 2 Personen).

Nötigenfalls kann man jede Klasse nach dem Verhältnis des Gewichts P zur Oberfläche S in Unterabteilungen gliedern, und zwar je nachdem sich ergibt:

$\frac{P}{S} < 6$: leichte und langsame Apparate,

oder

$\frac{P}{S} > 6$: schwere und schnelle Apparate.

Artikel 228. In dem marschfähigen Gewicht ist das Gewicht der Passagiere, der Heizmittel usw. mit einbegriffen.

Artikel 229. Die Bestimmungen der Artikel 194 bis 208 finden auch auf die Flugapparate mit Motor Anwendung.

Wegen der Wichtigkeit einer möglichst schleunigen Erreichung einer bestimmten Höhe müssen die in Artikel 209 vorgesehenen Aufgaben schnell ausgeführt werden. Diese Wettbewerbe haben niemals in absteigender, sondern nur in aufsteigender Bewegung stattzufinden.

Abschnitt V.

Reglement für Rekorde.

Artikel 230. Nur die Sportkommission eines angegliederten Verbandes oder Klubs hat die Befugnis, die in ihrem Lande aufgestellten aeronautischen Rekorde

1. zu prüfen,
2. zu bestätigen.

Rekorde können sowohl in Wettfahrten als auch in Einzelerprobungen versucht werden.

Artikel 231. Der Rekord darf nur dann bestätigt werden, wenn den folgenden Bedingungen genügt ist:

1. bei seiner Aufstellung müssen die Vorschriften des entsprechenden Reglements erfüllt sein;

2. dem Gesuche um Bestätigung müssen Urkunden und Zeugnisse beigefügt sein, welche genaue und authentische Angaben über den Verlauf des Rekordversuches enthalten.

Artikel 232. Der I. L.-V. hat alljährlich am 1. Januar eine vollständige Liste der Weltrekorde zu veröffentlichen.

Abschnitt VI.

Beginn der Gültigkeit.

Artikel 233. Das vorliegende Reglement erhält bindende Geltung für alle aeronautischen Prüfungen und Wettbewerbe mit dem 16. Oktober 1905.

Abschnitt VII.

Berufung an die Konferenz.

Artikel 234. Das Recht zur Berufung an die Konferenz steht jedem zugehörigen Verbande oder Klub zu.

Ein Klub eines verbündeten Landes kann vor der Konferenz auch Berufung gegen Entscheidungen einlegen, welche gegen einen Klub seines Landes von einem fremden getroffen sind.

Die Konferenz entscheidet in letzter Instanz.

Reglement über die Ernennung der Starter.

A. — Die Sportkommission eines jeden zugehörigen Verbandes oder Klubs ernennt die Starter und stellt ihre Liste alljährlich auf.

B. — Zu ihrer Ernennung bedarf es der vorgängigen Erfüllung folgender Bedingungen:

1. Besitz eines Chronometers mit Zeigerauslösung und -hemmung, das durch ein Zeugnis einer Sternwarte, z. B. zu Berlin, Hamburg, Besançon (Frankreich), Genf (Schweiz) oder Kew (England) als erstklassig bestätigt ist;

2. Nachweis des vollzogenen Ankaufs durch Vorlegung der Quittung;

3. Ablegung einer Zulassungsprüfung; sie wird in einer Radrennbahn abgehalten und besteht in Zeitbestimmungen bei zwei Prüfungen über je mindestens zwanzig Kilometer, und zwar in der Weise, daß Wendungen ausgeführt werden, deren Zeitpunkt durch Zeigerauslösung und -hemmung festzustellen ist.

Bei diesen Prüfungen bestimmt der Kandidat die Zeiten mit der Uhr und verzeichnet sie auf Formularen, für welche auf der Geschäftsstelle des Verbandes oder Klubs ein Muster vorhanden ist. Gleichzeitig schreibt zur Kontrolle ein patentierter Starter die Zeiten auf.

Der Kandidat liefert hierauf seine Aufzeichnungen in verschlossenem Umschlag dem patentierten Starter ab, der sie nach Abschluß aller Prüfungen mit seinen eigenen Aufzeichnungen an die Sportkommission weitergibt und eine ausdrückliche Bescheinigung darüber beifügt, daß bei der Ausführung der Prüfung alle Bestimmungen beobachtet worden sind und weder eine Mitteilung noch eine Berichtigung der Aufzeichnungen stattgefunden hat.

Die Sportkommission entscheidet nach Prüfung dieser Dokumente über die Zulassung.

Ein Kandidat, der den Anforderungen nicht ganz entsprochen hat, kann nach einem Monat zu einer erneuten Prüfung zugelassen werden.

4. Ablegung einer mündlichen Prüfung vor einer Kommission von drei Mitgliedern, die aus der Sportkommission besonders zu diesem Zweck gewählt wird. Diese Prüfung hat den Zweck, mit Sicherheit festzustellen, ob der Kandidat die Artikel des Reglements, die für seine Tätigkeit in Betracht kommen, genau kennt.

C. Die Sportkommission kann, wenn sie es für angebracht hält, Kandidaten, welche bereits von einem dem I. L.-V. angehörigen Verbande oder Klub anerkannt sind, von der mündlichen Prüfung entbinden.

D. Die Sportkommission kann, wenn sie es für dienlich erachtet, von ihren Startern Wiederholung der ersten Bestätigung ihrer Chronometer verlangen.

Anhang 1.

Tabelle 1.

Ballons mit Wasserstoff-Füllung.

Raum-inhalt des Ballons V	Durch-messer des Ballons $D = \sqrt[3]{\frac{6V}{\pi}}$	Umfang des Ballons $C = \pi D$.	Ventile				Füllansatz		
			Manöver-Ventil		Entleerungs-Ventil				
			Kleinster Ausschnitt $0{,}000089\ D^{\frac{5}{2}}$	Kleinster Durchmesser $0{,}01064\ D^{\frac{5}{4}}$ [1])	Kleinster Ausschnitt $0{,}000178\ D^{\frac{5}{2}}$	Kleinster Durchmesser $0{,}01504\ D^{\frac{5}{4}}$ [1])	Kleinster Ausschnitt $0{,}000049027\ D^3$	Kleinster Durchmesser $0{,}0079\ D^{\frac{3}{2}} = d_H$ [1])	Geringste Länge des zylindrischen Teiles $l_H = 4\ d_H$
cbm	m	m	qdcm	m	qdcm	m	qdcm	m	m
100	5,759	18,092	0,71	0,095	1,42	0,134	1,09	0,109	0,436
150	6,592	20,710	0,99	0,112	1,99	0,159	1,40	0,134	0,536
200	7,257	22,797	1,26	0,127	2,52	0,179	1,87	0,154	0,616
250	7,816	24,554	1,52	0,138	3,04	0,197	2,34	0,173	0,662
300	8,306	26,093	1,77	0,150	3,54	0,212	2,81	0,189	0,756
350	8,744	27,469	2,01	0,160	4,02	0,226	3,28	0,204	0,816
400	9,142	28,719	2,25	0,169	4,50	0,239	3,75	0,218	0,872
450	9,508	29,869	2,48	0,178	4,96	0,252	4,21	0,232	0,928
500	9,847	30,937	2,71	0,186	5,42	0,262	4,68	0,244	0,976
600	10,465	32,875	3,15	0,200	6,31	0,283	5,62	0,267	1,098
700	11,016	34,608	3,58	0,214	7,17	0,302	6,55	0,289	1,156
800	11,518	36,184	4,01	0,226	8,01	0,319	7,48	0,309	1,236
900	11,979	37,633	4,42	0,237	8,84	0,335	8,43	0,328	1,312
1000	12,407	38,978	4,83	0,248	9,65	0,350	9,36	0,345	1,380
1200	13,184	41,420	5,62	0,267	11,24	0,378	11,23	0,378	1,512
1400	13,880	43,604	6,39	0,285	12,78	0,403	13,11	0,409	1,636
1600	14,511	45,589	7,14	0,301	14,28	0,426	14,98	0,437	1,748
1800	15,092	47,414	7,88	0,317	15,75	0,447	16,85	0,463	1,852
2000	15,632	49,109	8,60	0,331	17,20	0,467	18,73	0,488	1,952
2500	16,839	52,901	10,36	0,363	20,71	0,513	23,41	0,546	2,184
3000	17,894	56,216	12,06	0,392	24,11	0,554	28,09	0,598	2,392
3500	18,838	59,180	13,71	0,418	27,41	0,590	32,77	0,646	2,584
4000	19,695	61,873	15,32	0,441	30,64	0,624	37,45	0,690	2,760
4500	20,484	64,351	16,90	0,464	33,80	0,655	42,14	0,732	2,928
5000	21,216	66,651	18,45	0,484	36,90	0,685	46,82	0,772	3,088

[1]) Bei kreisförmiger Öffnung.

Ballons mit Leuchtgas-Füllung.

Raum-inhalt des Ballons V	Durch-messer des Ballons $D = \sqrt[3]{\frac{6V}{\pi}}$	Umfang des Ballons $C = \pi D$.	Ventile				Füllansatz		
			Manöver-Ventil		Entleerungs-Ventil				
			Kleinster Ausschnitt $0{,}000218\ D^{\frac{5}{2}}$	Kleinster Durchmesser $0{,}01668\ D^{\frac{5}{4}}$ [1])	Kleinster Ausschnitt $0{,}000436\ D^{\frac{5}{2}}$	Kleinster Durchmesser $0{,}02358\ D^{\frac{5}{4}}$ [1])	Kleinster Ausschnitt $0{,}000076977\ D^3$	Kleinster Durchmesser $0{,}0099\ D^{\frac{3}{2}} = d_G$ [1])	Geringste Länge des zylindrischen Teiles $l_G = 4\ d_G$
cbm	m	m	qdcm	m	qdcm	m	qdcm	m	m
100	5,759	18,092	1,74	0,149	3,47	0,210	1,47	0,137	0,548
150	6,592	20,710	2,43	0,176	4,86	0,249	2,21	0,168	0,672
200	7,257	22,797	3,09	0,199	6,18	0,281	2,94	0,193	0,772
250	7,816	24,554	3,72	0,218	7,45	0,308	3,68	0,216	0,864
300	8,306	26,093	4,33	0,235	8,67	0,332	4,41	0,237	0,948
350	8,744	27,469	4,93	0,251	9,86	0,355	5,15	0,256	1,024
400	9,142	28,719	5,51	0,265	11,02	0,375	5,88	0,274	1,096
450	9,508	29,869	6,08	0,279	12,15	0,395	6,62	0,290	1,160
500	9,847	30,937	6,63	0,291	13,27	0,411	7.33	0,306	1,228
600	10,465	32,875	7,72	0,314	15,44	0,444	8,82	0,335	1,340
700	11,016	34,608	8,78	0,335	17,56	0,473	10,29	0,362	1,448
800	11,518	36,184	9,81	0,354	19,63	0,500	11,76	0,387	1,548
900	11,979	37,633	10,83	0,372	21,65	0,525	13,23	0,410	1,640
1000	12,407	38,978	11,82	0,388	23,64	0,549	14,70	0,433	1,732
1200	13,184	41,420	13,76	0,419	27,52	0,592	17,64	0,474	1,896
1400	13,880	43,604	15,65	0,447	31,29	0,632	20,58	0,512	2,048
1600	14,511	45,589	17,49	0,472	34,97	0,668	23,52	0,547	2,188
1800	15,092	47,414	19,29	0,496	38,58	0,701	26,46	0,580	2,320
2000	15,632	49.109	21,06	0,518	42,12	0,733	29,40	0,612	2,448
2500	16,839	52,901	25,36	0,569	50,73	0,804	36,75	0,684	2,736
3000	17,894	56,216	29,53	0,614	59,06	0,866	44,10	0,749	2,996
3500	18,838	59,180	33,57	0,655	67,15	0.925	51,46	0,809	3,236
4000	19,695	61,873	37,53	0,692	75,05	0,978	58,81	0,865	3,460
4500	20,484	64,351	41,40	0,727	82,79	1,028	66,16	0,918	3,672
5000	21,216	66,651	45,20	0,759	90,39	1,074	73,51	0,967	3,868

[1]) Bei kreisförmiger Öffnung.

Anhang 2.

Tabelle 2.

Ballons mit Wasserstoff-Füllung.

Rauminhalt des Ballons V	Durchmesser des Ballons $D = \sqrt[3]{\frac{6V}{\pi}}$	Größter Innendruck $Q_H = 1,1\ (D + l_H)$	Prüfungsdruck $P_H = 2Q_H$	Größte Spannung des Stoffes per Meter $T_H = \frac{1,1\ (D + l_H)\ D}{4}$	Zerreißungsspannung eines Stoffstücks von 5 cm Breite Sicherheits-Koeffizient 10 $t_{H_{10}} = \frac{10}{20} T_H$	Zunahme der Spannung des Stoffes: f. 1 kg Druckzunahme auf das Quadratmeter am Füllansatz $\Delta T = \frac{D}{4}$	Zunahme der Spannung des Stoffes: für 1 m Längenzunahme des Schlauchs $\Delta T_H = \frac{1,1\ D}{4}$	Zunahme d. Zerreißungsspannung eines Stoffstücks von 5 cm Breite: für 1 kg Druckzunahme a. Füllansatz Sicherh.-Koeffiz. 10 $\delta t\ 10 = \frac{10}{20} \Delta T$	Zunahme d. Zerreißungsspannung eines Stoffstücks von 5 cm Breite: für 1 m Längenzunahme a. Füllansatz Sicherh.-Koeffiz. 10 $\delta t_{H_{10}} = \frac{10}{20} \Delta T_H$
cbm	m	kg	kg	kg	kg	kg	kg	kg	kg
100	5,759	6,815	Wie bei 900 cbm	9,812	Wie bei 900 cbm	1,440	1,584	Wie bei 900 cbm	Wie bei 900 cbm
150	6,592	7,841		12,922		1,648	1,813		
200	7,257	8,660		15,711		1,814	1,995		
250	7,816	9,359		18,287		1,954	2,149		
300	8,306	9,969		20,701		2,077	2,284		
350	8,744	10,516		22,988		2,186	2,405		
400	9,142	11,015		25,175		2,286	2,514		
450	9,508	11,480		27,288		2,377	2,615		
500	9,847	11,905		29,308		2,462	2,708		
600	10,465	12,686		33.190		2,616	2,878		
700	11,016	13,389		36,873		2,754	3,029		
800	11.518	14,029		40,397		2,880	3,167		
900	11,979	14,620	29	43,784	22	2,995	3,294	1,497	1,647
1000	12.407	15,166	30	47,040	24	3,102	3,412	1,551	1,706
1200	13,184	16,166	32	53,283	27	3,296	3,626	1,646	1,813
1400	13,880	17,068	34	59,226	30	3,470	3,817	1.735	1,909
1600	14,511	17,885	36	64,883	32	3,628	3,991	1,814	1,996
1800	15,092	18,638	37	70,321	35	3,773	4,150	1,887	2,075
2000	15,632	19,342	39	75,589	38	3,908	4,299	1,954	2,150
2500	16,839	20,925	42	88,090	44	4,210	4,631	2,105	2,316
3000	17,894	22,315	45	99,826	50	4,474	4,921	2,237	2,461
3500	18,838	23,564	47	110,975	55	4,710	5,180	2,355	2,590
4000	19,695	24,701	49	121,623	61	4,924	5,416	2,462	2,708
4500	20,484	25,753	52	131,881	66	5,121	5,663	2,561	2,817
5000	21,291	26,734	53	141.797	71	5,304	5,834	2,652	2,917

Ballons mit Leuchtgas-Füllung.

Rauminhalt des Ballons V	Durchmesser des Ballons $D = \sqrt[3]{\frac{6V}{\pi}}$	Größter Innendruck $Q_G = 0{,}7\,(D + l_G)$	Prüfungsdruck $P_G = 2Q_G$	Größte Spannung des Stoffes per Meter $T_G = \frac{0{,}7\,(D + l_G)\,D}{4}$	Zerreißungsspannung eines Stoffstücks von 5 cm Breite Sicherheits-Koeffizient 10 $t_{G\,10} = \frac{10}{20} T_G$	Zunahme der Spannung des Stoffes: f. 1 kg Druckzunahme auf das Quadratmeter am Füllansatz $\Delta T = \frac{D}{4}$	Zunahme der Spannung des Stoffes: für 1 m Längenzunahme des Schlauchs $\Delta T_G = \frac{0{,}7\,D}{4}$	Zunahme d. Zerreißungsspannung eines Stoffstücks von 5 cm Breite: für 1 kg Druckzunahme a. Füllansatz Sicherh.-Koeffiz. 10 $\delta t_{10} = \frac{10}{20} \Delta T$	Zunahme d. Zerreißungsspannung eines Stoffstücks von 5 cm Breite: für 1 m Längenzunahme a. Füllansatz Sicherh.-Koeffiz. 10 $\delta t_{G\,10} = \frac{10}{20} \Delta T_G$
cbm	m	kg	kg	kg	kg	kg	kg	kg	kg
100	5,750	4,415		6,356		1,440	1,001		
150	6,592	5,085		8,380		1,648	1,154		
200	7,257	5,620		10,196		1,814	1,270		
250	7,816	6,076		11,873		1.954	1,368		
300	8,306	6,478	Wie	13,452	Wie	2,077	1,454	Wie	Wie
350	8,744	6,838		14,948		2,186	1,530		
400	9,142	7,167	bei	16,380	bei	2,286	1.600	bei	bei
450	9,508	7,468		17,751		2,377	1,664		
500	9,847	7,753	900 cbm	19,086	900 cbm	2,462	1,723	900 cbm	900 cbm
600	10,465	8,264		21,621		2,616	1,831		
700	11,016	8,725		24,029		2,754	1,928		
800	11,518	9,146		26,336		2,880	2,016		
900	11,979	9,533	19	28,549	14	2,995	2,096	1,497	1,048
1000	12,407	9,897	20	30,698	15	3,102	2,171	1,551	1,086
1200	13,181	10,557	21	34,796	17	3,296	2,307	1,646	1,154
1400	13,880	11,150	22	38,691	19	3,470	2,429	1,735	1,215
1600	14,511	11,689	23	42,405	21	3,628	2,539	1,814	1,270
1800	15,092	12,188	24	45,985	23	3,773	2,642	1,887	1,321
2000	15,632	12,656	25	49,460	25	3,908	2,736	1,954	1,368
2500	16,839	13,703	27	57,676	29	4,209	2,946	2,105	1,474
3000	17,894	14,623	29	65,416	33	4,474	3,131	2,237	1,566
3500	18,838	15,452	31	72,771	36	4,710	3,297	2,355	1,649
4000	19,695	16,209	32	79.810	40	4,924	3,447	2,462	1,724
4500	20,484	16,909	34	86,591	43	5,121	3,585	2,561	1,793
5000	21,216	17,559	35	93,133	47	5,304	3.713	2,652	1,857

Anhang 3.

Beispiele von Handikaps durch Ergebnisse.

Beispiel 1: **Wettbewerb der 1. Art.**

Weitfahrt ohne Zwischenlandungen; im Wettbewerb 5 Ballons, sämtlich mit Leuchtgasfüllung.

Bewerber	A	B	C	D	E
Wirklicher Rauminhalt in cbm	1000	1200	1700	2200	3100
Reduzierter Rauminhalt in cbm	900	1100	1500	2000	2800
Absolutes Ergebnis in km	300	400	750	800	1000
Leistungs-Koeffizient	$\frac{300}{900} = 0.33$	$\frac{400}{1100} = 0.36$	$\frac{750}{1500} = 0.50$	$\frac{800}{2000} = 0.40$	$\frac{1000}{2080} = 0.35$
Reihenfolge	V	III	I	II	IV

Beispiel 2: **Wettbewerb der 2. Art.**

Dauerfahrt ohne Zwischenlandungen; im Wettbewerb 5 Ballons. von denen 3 mit Leuchtgas (Auftrieb 0.7), 2 mit Wasserstoff (Auftrieb 1.0) gefüllt sind.

Bewerber	A	B	C	D	E
Füllgas	Leuchtgas	Wasserstoff	Leuchtgas	Wasserstoff	Leuchtgas
Wirklicher Rauminhalt in cbm	1000	1300	1700	1800	3100
Gedachter Rauminhalt in cbm	1000	1857	1700	2571	3100
Reduzierter Rauminhalt in cbm	900	1657	1500	2371	2800
Absolutes Ergebnis in Minuten	520	860	935	1750	1815
Leistungs-Koeffizient	$\frac{520}{900} = 0.58$	$\frac{860}{1657} = 0.52$	$\frac{935}{1500} = 0.62$	$\frac{1750}{2371} = 0.73$	$\frac{1815}{2800} = 0.65$
Reihenfolge	IV	V	III	I	II

Anhang 4.

Wettfahrt vom[1])

Ausgeschrieben vom[2])

Art des Wettbewerbes:

Bordbuch

Name des Führers

Namen der Gehilfen
Namen der Mitfahrer

Datum des Aufstiegs

Abfahrtszeit

Gewicht der Karten usw.	Sa. kg	Gesamtgewicht ....
Auftrieb		
Verfügbarer Ballast		
Plombierter Ballast	kg	

Luftdruck bei der Abfahrt ....

Temperatur bei der Abfahrt

Das Bordbuch muß innerhalb 24 Stunden nach der Landung in eingeschriebenem Brief eingesandt werden an:

---

[1]) Ort und Tag des Aufstiegs.
[2]) Name des veranstaltenden Klubs oder Ausschusses.

Zeit	Höhe	Luftdruck	Temperatur	Ballast

Ventil	Verschiedene Beobachtungen: Feuchtigkeit, Wolken, Bahn des Ballons, Geschwindigkeit usw.

Auf die Landung bezügliche Angaben.

Zeit der Landung .... Uhr .... Min. ....

Landungsart { ....
....
.... }

Ort der Landung ....

Gemeinde ....

Kreis

Luftdruck an der Erdoberfläche

Temperatur daselbst

Die Richtigkeit der Angaben bescheinigt

Name des Führers ....

Ort   Datum ....

Die unterzeichneten Gehilfen und Mitfahrer des von Herrn { ....
....
.... } geführten

Ballons ....[1]) bescheinigen die Richtigkeit aller im Bordbuch über die Fahrt am .... gemachten Angaben.

....

[1]) Name des Ballons.

Anhang 5.

Wettfahrt vom[1]) ....

Ausgeschrieben vom[2])

Name und Rauminhalt des Ballons ....

Art des Wettbewerbs: ....

Landungszeugnis.

Fragen:	Antworten:
Im Interesse möglichster Sicherung aller auf die Wettfahrt bezüglichen Angaben werden die Zeugen der Landung gebeten, die vorliegende Bescheinigung auszufüllen, sie wenn möglich durch einen Gemeinde- oder Staatsbeamten beglaubigen zu lassen und alsdann dem Führer des Ballons zurückzugeben.	
Ort der Landung: Gemeinde	
Ort der Landung: Kreis	
Ort der Landung: Nächste Stadt	
Genauer Zeitpunkt der Landung: Wochentag	
Genauer Zeitpunkt der Landung: Datum	
Genauer Zeitpunkt der Landung: Uhr	
Stimmt die Uhr des Ballonführers mit der dortigen Bahnuhr überein? Um wieviel geht sie gegen die Bahnuhr vor? nach?	
Hat eine Zwischenlandung stattgefunden?	
Wann ist der Ballon wieder aufgestiegen?	
Namen und Adressen der Landungszeugen:	
Beglaubigung durch den Gemeinde-Vorsteher oder einen Staatsbeamten. Datum: Siegel:	

[1]) Ort und Tag des Aufstiegs.
[2]) Name des veranstaltenden Klubs oder Ausschusses.

Anhang 6.

Fragebogen.

Wettfahrt vom[1]) ....

Ausgeschrieben vom[2]) ....

Der Organisations-Ausschuß bittet untenstehende Fragen zu beantworten und den Zettel zur Post zu geben, nötigenfalls unfrankiert.

Fragen		Antworten
Landungsort?	Ort	....
	Kreis	....
	Nächste Stadt	....
Genauer Zeitpunkt der Landung	Tag	....
	Datum	....
	Uhr	....
Stimmt die Uhr des Ballonführers mit der dortigen Bahnuhr überein? Um wieviel geht sie gegen die Bahnuhr vor? nach?		....
Hat eine Zwischenlandung stattgefunden?		....
Wann ist der Ballon wieder aufgestiegen?		....
Name des Zeugen		Unterschrift des Zeugen:
Stand des Zeugen		
Adresse des Zeugen		Geschehen zu .... den .... 19....

[1]) Ort und Tag des Aufstiegs. [2]) Name des veranstaltenden Klubs oder Ausschusses.

Anhang 7.

Wettfahrt vom[1]) ....

Ausgeschrieben vom[2]) ....

Name und Rauminhalt des Ballons   Art des Wettbewerbs

Reisezeugnis.

Fragen		Antworten
Durch den Führer auszufüllen:	Datum der Fahrt	....
	Name des Führers	....
	wo } ist der Zettel	....
	wann } ausgeworfen?	....
	(Datum u. genaue Zeit)	....
Im Interesse möglichster Sicherung der auf die Wettfahrt bezüglichen Angaben wird der Finder dieses Zettels gebeten, ihn auszufüllen und zur Post zu geben, nötigenfalls unfrankiert.		....
Wo ist der Zettel gefunden?	Gemeinde	....
	Kreis	....
	Nächste Stadt	....
Ist ein Luftballon gesehen worden?		....
Wann? (Tag, Datum, genaue Zeit)		....
Nach welcher Richtung flog er?		....
Unterschrift	Name	....
	Stand	....
	Adresse	....

[1]) Ort und Tag des Aufstiegs.
[2]) Name des veranstaltenden Klubs oder Ausschusses.

Anhang 8.

Nachfüllungsschein.

Wettbewerb vom[1]) ....

Ausgeschrieben vom[2]) ....

Aufstiegsort	Datum der Fahrt ....
Name des Ballons	Name des Führers ....
Rauminhalt	Mitfahrer ....
Gewicht	....

Bescheinigung des Sportkommissars: ....

....

Erste Nachfüllung.

Ort	Landungspunkt ....
Gasanstalt	Gemeinde ....
Kreis	Nächste Stadt ....
Entfernung des Landungspunktes vom Nachfüllungsplatz	Datum und Stunde der Landung ....
Datum und Zeit der Nachfüllung	Datum und Stunde des Wiederaufstiegs nach der Nachfüllung ....
Zahl der nachgefüllten Kubikmeter (in Worten)	Zahl der Ballonfahrer einschließlich des Führers ....
Gaspreis pro Kubikmeter	

Bescheinigung des Direktors der Gasanstalt	Unterschrift und Adresse eines Zeugen
....	....

Quittung über die gezahlte Summe: ....

Zweite Nachfüllung.

[1]) Ort und Tag des Aufstiegs.

[2]) Name des veranstaltenden Klubs oder Ausschusses.

Anhang No. 9.

Unerläßliche Vorbedingungen für die Sicherheit bei Versuchen mit Motorballons.

Die Ständige Internationale Kommission für Luftschiffahrt wünscht nach allen Kräften dazu beizutragen, daß die Wiederkehr von Ereignissen verhütet werde, welche infolge von Motorballonaufstiegen im Laufe des Jahres 1902 zu beklagen gewesen sind; sie hat deshalb beschlossen, die wichtigsten Maßnahmen anzugeben, welche man zu treffen hat, um sich diesen interessanten, aber große Vorsicht erheischenden Versuchen mit voller Sicherheit hingeben zu können.

Da sind erstens Maßnahmen, welche sich auf die eigentliche Konstruktion beziehen. Den mechanischen Teil berühren sie nicht; dagegen hat der aerostatische Teil seine eigenen Erfordernisse, die man nicht ungestraft vernachlässigen darf, wenn es sich darum handelt, diese beiden Teile der Konstruktion miteinander zu vereinigen.

Ferner genügt es nicht, daß die Konstruktion des Luftschiffes den weiter oben erwähnten Vorschriften entspricht, sondern es ist außerdem durchaus notwendig, mit ihm eine Anzahl sorgfältiger Versuche vorzunehmen, bevor man zu einer Fahrt schreitet.

Endlich muß man bei den Fahrten die äußerste Vorsicht walten lassen und sich außerdem nach den für den besonderen Fall geltenden Regeln richten.

Diese Erwägungen führen zu drei Arten von Vorschriften, die sich beziehen:

1. auf die Konstruktion,
2. auf die Vorversuche,
3. auf die eigentlichen Fahrten.

Diese Vorschriften, die weiter unten mitgeteilt werden, lassen sich ohne weiteres auf die meisten Motorballons anwenden; doch kann für einzelne eine Ergänzung notwendig sein. Die Ständige Internationale Kommission für Luftschiffahrt würde dahingehende Vorschläge bereitwillig prüfen[1]).

1. Vorschriften bezüglich der Konstruktion.

Ballonet. Jeder Motorballon muß ein Ballonet (Luftsack) besitzen[2]). Für den Rauminhalt dieses Ballonets gilt die Vorschrift, daß sein Verhältnis zum gesamten Balloninhalt mindestens so groß sein soll wie das zwischen dem Gewicht des verfügbaren Ballastes und dem Gesamtauftrieb des Ballons, der gleich ist dem Produkt aus dem Rauminhalt des Ballons (in cbm) und dem Auftrieb eines Kubikmeters des verwendeten Füllgases (in kg)[3]).

[1]) Die Ständige Internationale Kommission für Luftschiffahrt hat ihren Sitz in Paris, Rue de Rennes, im Hause der „Société d'Encouragement pour l'industrie nationale": das Sekretariat befindet sich in Billancourt, Rue de Bellevue 121/123.

[2]) Diese Vorschrift bezieht sich nicht auf starre Luftschiffe.

[3]) Ist V der Rauminhalt des Ballons, v der des Ballonets in cbm, A der Auftrieb eines cbm Gas in kg und L das Gewicht des verfügbaren Ballastes, gleichfalls in kg, dann muß $\frac{v}{V} \geqq \frac{L}{V.A}$, mithin $v \geqq \frac{L}{A}$ sein. Für Wasserstoffgas, wo A annähernd $= 1$ kg ist, erhält man $v \geqq L$.

Der Ventilator, welcher dazu bestimmt ist, Luft in das Ballonet zu pumpen, muß imstande sein, den Raumverlust, den der Ballon beim Sinken durch die Zusammenziehung des Gases erleidet, auszugleichen; demzufolge muß er in das Ballonet in der Sekunde eine Luftmenge (in cbm) liefern können, die gleich ist dem Produkt aus der Fallgeschwindigkeit des Ballons (in m i. d. Sek.) und $\frac{1}{8000}$ seines Rauminhaltes (in cbm)[1]).

Da der Ballon stets prall voll sein muß, auch in dem Falle absichtlichen oder unabsichtlichen Stillstandes des Hauptmotors, so muß für den Notfall ein besonderer Motor zum Antrieb des Ventilators vorhanden sein.

Gegen Längsverschiebungen von Luft und Gas im Ballonet und Ballon müssen Vorkehrungen getroffen werden; doch dürfen diese unter keinen Umständen dazu führen, daß der Einheit des Ballons Eintrag geschieht, indem er durch Falten in verschiedene voneinander mehr oder weniger getrennte Teile zerlegt wird.

Stabilität der Längsachse. Um die Stabilität der Längsachse zu sichern, sind besondere Vorkehrungen erforderlich. Da aber das theoretische Studium dieser Frage äußerst schwierig ist, so kann man bei dem augenblicklichen Stande der Wissenschaft auf die Wirksamkeit der getroffenen Vorkehrungen nur dann rechnen, wenn sie durch die Erfahrung erwiesen ist. Wir kommen auf diesen Gegenstand in den beiden letzten Teilen zurück.

---

[1]) Bei einer Fallgeschwindigkeit von 5 m i. d. Sek. muß also der Ventilator $\frac{5.\ V}{8000}$ oder $\frac{V}{1600}$ in der Sek. liefern.

Es ist ratsam, nicht aus dem Auge zu verlieren, daß bei Zunahme der Eigengeschwindigkeit die Stabilität eines Luftschiffes leiden kann. Man vermeidet gefährliche Überraschungen nur dann, wenn man einen Motor verwendet, der gestattet, die Geschwindigkeit nach Belieben zu ändern und allmählich zu steigern.

Ratschläge für die Konstruktion[1]). Es ist ratsam, bei der Konstruktion des eigentlichen Ballons die Verwendung von starren Teilen zu vermeiden. Man bedarf ihrer durchaus nicht, um die Starrheit der Form zu sichern; vielmehr gibt es, um diesen Zweck zu erreichen, ausgezeichnete Mittel, bei deren Verwendung man eine Gewichtsverminderung und größere Betriebssicherheit erzielt.

Bei den übrigen Teilen des Luftschiffes soll man gleichfalls starre Teile nach Möglichkeit vermeiden; ihre zu weit gehende Verwendung führt zu Gewichtsvergeudung und kann überdies schwere Unfälle beim Landen im Gefolge haben.

Soweit sie verwendet werden, müssen sie von dem tragenden Ballon möglichst weit entfernt gehalten werden; es ist nämlich außerordentlich schwer, einen Ballon mit starren Organen von einer gewissen Ausdehnung in genügend feste Verbindung zu bringen; sie machen die unvermeidlichen Formveränderungen des Ballons nicht mit, und eine Verbindung, welche bei seinem Bau genügte, wird selbst bei leichten Formveränderungen mangelhaft und kann Gefahren herbeiführen. Darum ist es viel vernünftiger, diese Schwierigkeiten und Gefahren zu vermeiden, indem man den Ballon von allen starren Stücken, welche der übrige Teil des Luftschiffes ent-

---

[1]) s. Bem. 2 S. 110.

hält, nach Möglichkeit entfernt und die beiden Teile miteinander durch biegsame Organe verbindet, welche man ohne Nachteil einerseits an den starren Teilen von unveränderlicher Gestalt und andererseits an dem Ballon befestigen kann, der seinem ganzen Wesen nach erheblichen Formveränderungen unterworfen ist.

Wenn man zur Aufhängung Stahlkabel verwendet, so dürfen diese nicht geknüpft, sondern nur gesplißt sein, und die Splissungen müssen sorgfältig umwickelt sein; wenn ihre Enden vor oder nach dem Umwickeln gelötet werden, so darf man zum vorherigen Beizen des Metalls keine Säure verwenden. Die Kabel müssen außerdem mit Spann- oder anderen Ausgleichsvorrichtungen versehen sein, welche eine möglichst gleichmäßige Zugverteilung gewährleisten.

Da bei der Gondel, wie bei allen starren Teilen des Luftschiffes, Verbiegungen nicht ganz zu vermeiden sind, so muß der Treib- und Steuermechanismus hiernach eingerichtet und imstande sein, trotz dieser Formveränderungen richtig zu arbeiten. Zu diesem Zwecke können besondere Vorrichtungen, wie Ketten, Riemen, Gelenke, bewegliche Lager usw. angebracht werden.

Vorkehrungen gegen Feuersgefahr. Verbrennungsmotoren müssen möglichst weit vom Ballon entfernt gehalten werden. Jede Einrichtung, welche dazu führen würde, sie in seiner Nähe anzubringen, ist von vornherein zu verwerfen. Die Katastrophen der Ballons von Woelfert und Severo machen jeden Kommentar in dieser Hinsicht überflüssig.

Alle Öffnungen, durch welche Gas austreten kann, müssen an der Heckseite und in möglichst großer Entfernung vom Motor liegen.

Die Auspuffgase müssen mit der größten Sorgfalt gekühlt werden. Diese Gase bilden, wenn sie mit einer hohen Temperatur austreten, die Hauptgefahr für einen Motorballon.

Unbedingt notwendig sind alle Vorkehrungen gegen die Ansammlung von explosibelen Gemischen, welche sich aus den atmosphärischen und den aus dem Ballon, dem Motor und den Behältern austretenden Gasen bilden können.

Bei Verwendung von Elektromotoren müssen alle Drahtverbindungen gelötet sein; es dürfen nur Stromwender und Stromunterbrecher mit eingeschlossenem Quecksilber oder solche Apparate dieser Art verwendet werden, welche die gleiche Sicherhcit gegen Funkenbildung gewähren. Die Leitungsdrähte müssen einen so großen Querschnitt haben, daß sie sich beim Durchgang des elektrischen Stromes nicht erhitzen können; 0,5 qmm pro Ampère ist für diesen Zweck vollkommen ausreichend.

Die Gondel oder zum mindesten diejenigen Teile, in deren Nähe sich der Motor und die etwa vorhandenen elektrischen Leitungen befinden, müssen aus unverbrennbarem Stoff bestehen.

Eine selbstverständliche Vorsichtsmaßregel ist die Ausrüstung der Gondel mit einem Feuerlöschapparat. Zu diesem Zweck können die Kohlensäure erzeugenden Löschapparate empfohlen werden. Auch sind Vorrichtungen ratsam, welche gestatten, das zur Kühlung der Motoren bestimmte Wasser als Feuerlöschmittel zu benutzen.

2. Vorschriften bezüglich der Vorversuche.

Halle. — Es erscheint unmöglich, die Versuche, welche der Fahrt eines Motorballons vorausgehen müssen, auszuführen, wenn man nicht über eine Halle verfügt, die groß genug ist, um ihn darin unterzubringen.

a) Sicherheitsmaßregeln gegen Entzündungsgefahr.

Versuche vor der Füllung:

Vor allem muß man längere Versuche mit dem Motor vornehmen; dabei ist zu den Teilen desselben, welche am heißesten werden, nämlich zu dem Zylinderboden, den Ein- und Auslaßventilen, dem Auslaßrohr, Auspufftopf usw. Wasserstoffgas, welches zur Füllung des Ballons dient, hinzuleiten, und zwar in dreifacher Art: unter normalem Ballondruck, ohne Druck und mit Luft gemischt.

In gleicher Weise ist das Gas zu leiten nach den Stromwendern, die für die Zündung des explosibelen Gasgemisches in den Explosionsräumen sorgen, zu den Zündkerzen und Zündknaggen, wenn die Elektrizität durch Elemente oder Akkumulatoren geliefert wird, zu dem Magneten, wenn man sich dieser Zündungsart bedient, und zu dem Getriebe des Teiles, welcher in diesem Falle die Unterbrechungsfunken hervorbringt. Ferner hat man sich zu vergewissern, daß an den verschiedenen Verbindungsstellen keine Funkenbildung infolge der heftigen Erschütterungen hervorgerufen werden kann. Die gleichen Vorsichtsmaßregeln sind hinsichtlich der Dynamos, Elektromotoren,

Elemente oder Akkumulatoren zu treffen, die man zum Treiben des Ventilators etwa in dem Falle anwendet, daß der Hauptmotor stehen bleiben sollte.

Alle diese Versuche sind mit großen Gefahren verbunden, wenn bei ihrer Ausführung nicht die äußersten Vorsichtsmaßregeln angewendet werden. Insbesondere dürfen Gemische von Wasserstoff und Luft nur mit Hilfe von Gebläsen zugeführt werden, welche so eingerichtet sind, daß sie die beiden Gasarten möglichst lange getrennt halten und das Zurückschlagen von Flammen nach den Wasserstoffbehältern verhüten.

Sorgfältige Versuche sind erforderlich, um mit Sicherheit zu verhindern, daß bei Schwierigkeiten im Anlassen des Motors Flammen in das Rohr, welches das explosive Gasgemisch vom Vergaser zu den Einlaßventilen führt, zurückschlagen können. Es wird immer von Nutzen sein, zweckmäßig angeordnete metallische Gewebe in diesem Rohre anzubringen. Der laufende Motor muß eine derartige Steuerung haben, daß bei Versagen oder Leerlaufen Gasansammlungen sich in dem Auspufftopf bilden (z. B. durch Auslassung der Zündung in einem der Zylinder), und während der Explosion dieser Gasansammlung ist dann, wie oben geschildert, Wasserstoff zu dem Auspufftopf oder seinen Umkleidungen aus metallischem Gewebe hinzuleiten.

F e s t i g k e i t s v e r s u c h e. — Es ist das ganze Luftschiff mit Ausnahme der Gashülle in der Halle aufzuhängen und alsdann die Gondel mindestens mit dem Doppelten des Gewichtes zu belasten, welches von ihr gewöhnlich zu tragen ist. Nach diesen Versuchen sind alle Riemen, Ketten usw. sorgsam zu prüfen.

Hierauf hat man Motor und Propeller an ihren Ort zu bringen; die weiteren Versuche haben alsdann darin zu bestehen, daß man künstlich stampfende und schlingernde Bewegungen erzeugt, um beurteilen zu können, wie das ganze System sich verhält, wenn diese Mängel bei der Fahrt sich einstellen.

b) Versuche am Ballon und Ballonet.

Nach der Füllung:

Der gefüllte Ballon ist unter den Regulierungsdruck für Gasventile zu bringen und unter diesem Druck die Tätigkeit der automatischen Ventile sorgfältig zu prüfen. Ebenso hat man die Tarierung des Manometers zu prüfen, wobei man sorgfältig den Fehler in Rechnung ziehen muß, den bei dieser Prüfung die Anwesenheit von Wasserstoff in dem das Innere des Ballons mit dem Manometer verbindenden Rohr bedingt. Noch besser wird man daran tun, durch eine geeignete Vorrichtung zu verhüten, daß dieses Rohr ein Gas enthält, welches leichter ist als Luft.

Dieselben Versuche hat man beim Ballonet zu machen; man prüft bei normalem Druck die Tätigkeit der Luftventile und wiederholt auch die Prüfung des oder der Manometer, indem man den Ventilator in Tätigkeit setzt und sich überzeugt, daß die Einrichtungen dieses wichtigen Apparates die Förderung der nötigen Luftmenge gewährleisten.

Festigkeitsversuche. — Alle Vorversuche, die vor der Füllung vorgeschrieben sind, müssen auch hinterher ausgeführt werden.

Insbesondere hat man die Neigungsversuche mit dem gesamten Luftschiff, hauptsächlich im longitudinalen Sinne, zu erneuern, um sich zu vergewissern, daß kein Teil des Baues darunter leidet.

S t a b i l i t ä t s v e r s u c h e. — Man hat sich ferner davon zu überzeugen, daß das Luftschiff nach Beseitigung der Ursache, welche seine Schiefstellung hervorgerufen hat (z. B. Gewichtsverschiebung), von selbst in die normale Lage zurückschwingt.

F ü h r u n g s g e r ä t e. — Weiterhin muß man sich vergewissern, daß die zum Transport und zur Lagerung des Luftschiffes bestimmten Vorrichtungen genügend befestigt sind, um die mit ihnen verbundenen Teile nicht in ihren Funktionen zu beeinträchtigen.

A b w ä g u n g e n. — Vor dem Verlassen der Halle sind jedesmal sorgfältige Abwägungen unter Schutz vor dem Winde vorzunehmen.

3. V o r s c h r i f t e n b e z ü g l i c h d e r F a h r t e n.

N o t w e n d i g k e i t e i n e s B a l l o n f ü h r e r s. Die aerostatische Führung eines Motorballons ist sicherlich viel schwieriger als die eines gewöhnlichen Freiballons und darf deshalb nur einem Luftschiffer von vollendeter Erfahrung und Gewandtheit anvertraut werden. Eine Fahrt mit einem Motorballon, bei der sich nicht ein ausgezeichneter Ballonführer an Bord befindet, ist nicht nur unvorsichtig, sondern geradezu tollkühn.

P r ü f u n g v o r d e r A u f f a h r t. Die Vorsicht gebietet, vor jedem Aufstieg eine sorgsame Besichtigung der ganzen Aufhängung vorzunehmen. Dabei soll der Ballon ständig unter möglichst schwachem Druck gehalten werden.

Ein Apparat nach Bunsen, welcher eine schnelle Messung der Dichtigkeit der Gase gestattet, muß bei der Ausrüstung vorhanden sein, damit man vor jeder neuen Fahrt die in dem Ballonet enthaltene Luft wägen und feststellen kann, ob sich darin eine Mischung von Luft und Wasserstoffgas gebildet hat; wird die Anwesenheit von Wasserstoff im Ballonet nachgewiesen, so hat man ohne Zögern die Versuche vorläufig einzustellen.

Vor jeder Fahrt muß eine sorgfältige Prüfung der Ventile und des Manometers stattfinden.

Stabilität der Längsachse. Da der Versuch allein imstande ist, Gewißheit darüber zu verschaffen, ob ein Motorballon in der Fahrt Stabilität der Längsachse besitzt, da ferner diese anfänglich etwa vorhandene Stabilität bei Steigerung der Fahrgeschwindigkeit verloren gehen kann, so empfiehlt es sich, die Eigengeschwindigkeit des Luftschiffes nur allmählich zu steigern, damit etwa vorhandene Mängel der Stabilität zur Wahrnehmung gelangen, bevor sie gefährlich werden. Wenn man der Stabilität bei einer gewissen Eigengeschwindigkeit sicher ist, so darf man nach Belieben bei dieser und geringeren Geschwindigkeiten fahren, zu größeren aber nur stufenweise fortschreiten und muß dann mit der äußersten Vorsicht zu Werke gehen.

Fahrt über großen Ansiedlungen. Über großen Ansiedlungen darf man erst dann fahren, wenn man sich durch vorgängige Fahrten die Überzeugung verschafft hat, daß das Luftschiff sichtlich jede wünschenswerte Sicherheit gewährleistet, daß es namentlich eine genügende Stabilität besitzt, und man es sowohl in vertikaler wie auch in horizontaler Richtung vollkommen beherrscht.

Anhang Nr. 10.

Betrachtungen über Wettfahrten und Rekordversuche von Motorballons.

Die Prüfungen von Motorballons können unendlich mannigfaltig sein; indessen kann man sich damit begnügen, ihre hauptsächlichsten Eigenschaften festzustellen, da sich die übrigen dadurch gleichzeitig mit hinlänglicher Sicherheit ermitteln lassen.

Die Haupteigenschaft eines Motorballons, welche den Prüfstein für seinen Wert abgibt, ist seine Eigengeschwindigkeit, d. h. die Geschwindigkeit, welche er gegenüber der ihn umgebenden Luft entwickelt. Diese muß also mit Sorgfalt geprüft werden. Eine nennenswerte Eigengeschwindigkeit kann nur von solchen Motorballons entwickelt werden, die in jeder Hinsicht eine ausreichende Stabilität besitzen; es erscheint daher unnütz, letztere noch durch besondere Versuche festzustellen. Auf der anderen Seite kann die Eigengeschwindigkeit nur von einem Luftschiff ausgenutzt werden, das den Anweisungen seines Führers gehorcht; darum ist es überflüssig, seine Lenkbarkeit besonders zu prüfen.

Wir schlagen deshalb als Hauptgrundsatz vor, daß bei Motorballons, welche an Wettfahrten teilnehmen oder Rekorde brechen wollen, in erster Linie die Eigengeschwindigkeit festgestellt und gemessen werden muß.

Indessen ist noch eine andere Bedingung von Luftschiffen dieser Art zu erfüllen, und zwar handelt es sich dabei um die Fahrtdauer oder den Aktionsradius bei vorgeschriebener Geschwindigkeit.

Hieraus ergeben sich zwei Arten von Prüfungen, die wir als Prüfungen der Geschwindigkeit und des Leistungswerts bezeichnen können.

Es ist auch nicht ohne Interesse, festzustellen, welche Fertigkeit ein Luftschiff in Abfahrts- und Landungsmanövern besitzt — nicht zu verwechseln mit seiner Manövrierfähigkeit während der Fahrt. Diese Eigenschaften, welche für den Beginn und das Ende der Fahrt von Wichtigkeit sind, können zum Gegenstande besonderer Prüfungen gemacht werden, die wir Prüfungen der Manövrierfähigkeit nennen wollen; man kann sie aber auch mit den vorher bezeichneten Prüfungsarten verbinden.

Prüfungen der Geschwindigkeit.

Zur Feststellung der Eigengeschwindigkeit eines Lenkballons ist keine lange Fahrt nötig. Wir nehmen also im folgenden an, daß man sich für diese Prüfungen mit einer Strecke von verhältnismäßig beschränkter Ausdehnung oder, mit anderen Worten, mit einem Aerodrom begnügt. Wir werden weiter unten näher erläutern, was wir unter dieser Bezeichnung verstehen.

Bei dieser Art von Prüfungen scheint es uns unzweckmäßig, Abfahrts- und Landungsmanöver einzuschalten, wie man es beim Deutsch-Preise tat. Es sprechen dagegen ein theoretischer und zwei praktische Nachteile.

Der theoretische Nachteil besteht darin, daß während dieser Abfahrts- und Landungsmanöver die Eigengeschwindigkeit nicht die gleiche ist wie mitten in der Fahrt; die Einschaltung dieser Manöver fälscht also den Wert, den man messen will. Der Fehler ist nicht von Bedeutung, wenn es sich um eine so große Fahrtdauer handelt, daß man dagegen die Anfangs- und Schlußmanöver vernachlässigen kann; anders ist es aber bei kurzen Fahrten, welche wir als die Regel betrachten; hierbei wird durch diese Manöver das Ergebnis der Messung in unzulässiger Weise beeinflußt.

Der erste praktische Nachteil besteht in der Schwierigkeit, den Zeitpunkt der Abfahrt und der Landung genau zu bestimmen; die Erörterungen aus Anlaß des Deutsch-Preises sind noch in so frischer Erinnerung, daß es eigentlich überflüssig ist, sich darauf zu berufen.

Der zweite praktische Nachteil ist von anderer Art. Er besteht darin, daß man für Fahrten dieser Art über einen Platz verfügen muß, auf welchem die in Wettbewerb tretenden Luftschiffe Aufnahme und Schutz finden können, ein solcher Platz aber schwer ohne große Kosten zu beschaffen ist.

Wir denken uns die Geschwindigkeitsprüfungen anders; die daran teilnehmenden Luftschiffe sollen von beliebigem Ausgangspunkt mit eigenen Mitteln senkrecht über dem Abfahrtsort eintreffen und von dort aus die vorgeschriebene Strecke zurücklegen; sobald sie senkrecht über ihrem Endpunkt angelangt sind, gilt die Prüfung als beendet, und die Luftschiffe sind frei in ihren Bewegungen.

Bei dieser Methode wird den Bewerbern nur die Geschwindigkeitsprüfung im eigentlichen Sinne zugemutet, und die Kosten für die Veranstaltung des Wettbewerbes beschränken sich auf ein tunlichst geringes Maß. Andererseits werden durch die Verpflichtung des Bewerbers, sich mit eigenen Mitteln unmittelbar nach dem Abfahrtsort zu begeben, alle Bewegungen, die nicht zur Prüfung gehören, gänzlich und die gefährlichen Manöver zum größten Teile vermieden.

Messung der Eigengeschwindigkeit.

Die Eigengeschwindigkeit eines Motorballons kann direkt oder indirekt gemessen werden.

Direkte Messung. — Die direkte Messung, sei es mittels des Logs oder nach irgendeinem andern Verfahren, ist anfechtbar und kann zu Streitigkeiten Anlaß geben. Auch hat sie für das Publikum wenig Interesse.

Wir betrachten deshalb dieses Verfahren als die Ausnahme; andererseits wollen wir es nicht ausschließen, schlagen aber vor, folgenden Vorbehalt in das Reglement aufzunehmen:

> „Zur direkten Messung der Eigengeschwindigkeit eines Luftschiffes darf man nur die von der Sportkommission genehmigten Methoden und Instrumente benutzen. Registrierinstrumente sind dem Luftschiffer versiegelt zu übergeben und von ihm mit unverletzten Siegeln zurückzugeben; erfordern die Apparate Bedienung, so muß ein hierfür besonders ernannter Starter sich mit einschiffen."

Indirekte Messung. — Die Eigengeschwindigkeit, um deren Messung es sich handelt, ist die Resultante der absoluten Geschwindigkeit und der Windgeschwindigkeit; man erhält sie daher leicht, wenn man diese beiden nach Größe und Richtung bestimmt.

Die absolute Geschwindigkeit ist ohne Schwierigkeit zu ermitteln. Zur Bestimmung der Windgeschwindigkeit dagegen sind Messungen mit dem Anemometer erforderlich, und hierzu bedarf es einmal einer sorgfältigen Aufstellung, und zudem kann die Geschwindigkeit der Luftschicht, in welcher das Luftschiff sich befindet, von der, welche das Anemometer anzeigt, verschieden sein, ohne daß über den Grad dieser Verschiedenheit eine Übereinstimmung zu erzielen ist.

Man kann aber sehr gut ohne jede Windmessung auskommen. Zwischen der Windgeschwindigkeit, der absoluten und der Eigengeschwindigkeit des Luftschiffes besteht eine bestimmte Beziehung. Wenn man die absolute Geschwindigkeit genügend oft bestimmt, so erhält man genügend viel Gleichungen, aus welchen man die Unbekannten: Windgeschwindigkeit, Eigengeschwindigkeit und den Winkel zwischen beiden berechnen kann.

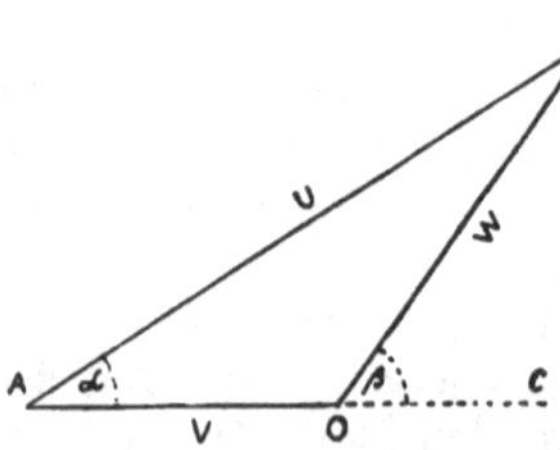

Fig. 1.

Die Grundaufgabe ist nichts anderes als die Berechnung eines Dreiecks. Ist

$AO = v$ die Windgeschwindigkeit,
$OB = w$ die Eigengeschwindigkeit und
$AB = u$ die absolute Geschwindigkeit des Luftschiffs,
$BAO = \alpha$ der Winkel zwischen u und v und
$BOC = \beta$ der Winkel zwischen w und v,

dann hat man im Dreieck ABO

$$w^2 = v^2 + u^2 - 2 \cdot v \cdot u \cdot \cos \alpha.$$

Läßt man nun bei gleichbleibendem v und w β und damit α verschiedene Werte annehmen, so erhält man weitere Gleichungen von der Form

$$w^2 = v^2 + u_1{}^2 - 2 \,.\, v \,.\, u_1 \,.\, \cos \alpha_1 \text{ usw.}$$

und kann die Werte von v und w daraus ableiten.

Dies ist das Prinzip der Methode; man kann aber die Rechnung sehr vereinfachen.

Hierfür wollen wir einige Beispiele geben.

I. Verfahren des Abtreibens und Zurückkommens.

Prinzip. Auf der Erdoberfläche sind in bekannter Entfernung voneinander zwei Punkte, A und B, zu bezeichnen, deren Verbindungslinie mit der Windrichtung zusammenfällt. Alsdann führt man das Luftschiff senkrecht über den Punkt A und läßt es nach B treiben. Ist $d = AB$ und t_1 die Zeit, welche das Luftschiff braucht, um von A nach B zu treiben, dann ergibt sich

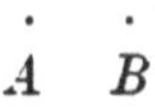

Fig. 2.

$$v = \frac{d}{t_1}.$$

Über dem Punkt B angekommen, dreht das Luftschiff und fährt nach A zurück. Um dorthin zu gelangen, gebraucht es eine Zeit t_2; dann ergibt sich

$$u = \frac{d}{t_2}.$$

Nun ist aber auch

$$u = w - v,$$

daher

$$w = v + \frac{d}{t_2} = \frac{d}{t_1} + \frac{d}{t_2} = d\left(\frac{1}{t_1} + \frac{1}{t_2}\right).$$

Verschiedene Anwendungen dieses Prinzips.

1. Man richtet in A einen durch ein Signal gekennzeichneten Beobachtungsstand ein. AC sei die angenäherte Windrichtung. Dann steckt man auf AC die gewählte Länge AB ab und schlägt um A mit dem Radius AB einen Kreisbogen; auf diesem richtet man in gleichen Abständen von einander Beobachtungsstände in B,

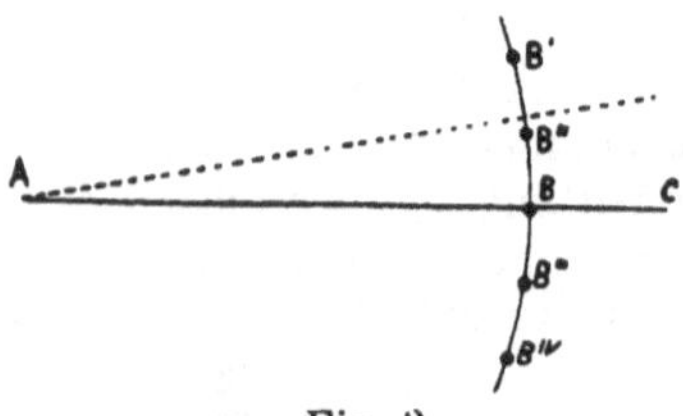

Fig. 3.

B', B'', B''' usw. ein. Das von A abgelassene Luftschiff treibt zwischen B' und B'' hindurch. Die an diesen beiden Punkten aufgestellten Beobachter vermerken den Zeitpunkt, zu dem das Luftschiff die Linie $B'B''$ überfliegt, und lenken durch Zeichen, welche sie dem Führer geben, das Luftschiff auf der Rückfahrt wieder zwischen B' und B'' hindurch.

Dieses Verfahren ist mit dem Übelstande verbunden, daß es zahlreiche Beobachter erfordert, von denen mehrere überhaupt nicht in Tätigkeit treten.

2. Man läßt das Luftschiff von A mit dem Winde treiben und richtet in einem Punkte B, der in dieser Richtung und bekannter Entfernung von A liegt, einen Beobachtungsstand ein.

Dieses Verfahren hat den Nachteil, daß ein zweiter Beobachtungsstand improvisiert werden muß. Überdies haben beide Beobachter die Unbequemlichkeit, den Ballon einvisieren zu müssen, wenn er sich genau senkrecht über ihrem Standort befindet.

3. Ein Beobachtungsstand wird in A eingerichtet, ein zweiter in einem Punkte B, der von A aus ungefähr in der Windrichtung liegt. Alsdann bestimmt man mit Hilfe eines Pilotballons, den man von A abläßt, die genaue Windrichtung AC. In A und B sind Theodoliten aufgestellt; der Beobachter in A richtet sein Instrument nach D, senkrecht zu AC, der in B in die gleiche Richtung, nach E, und zwar nach Zeichen, welche er von A empfängt. Das Luftschiff kommt über F heran und läßt sich treiben. Die Beobachter in A und B notieren die Zeitpunkte, in denen das Luftschiff die Linien AD und BE in G bzw. H überfliegt. Es ist

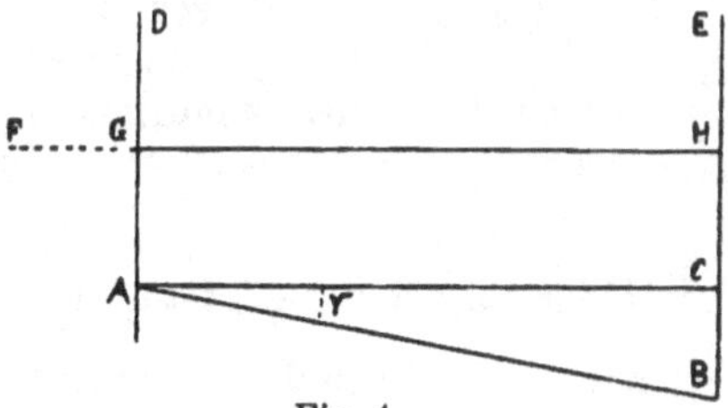

Fig. 4.

$$GH = AC,$$
$$AC = AB \,.\, \cos \gamma.$$

Das Luftschiff dreht und fährt von H nach G zurück.

Im Interesse der Genauigkeit ist es besser, die Beobachtungsstände im voraus einzurichten. Um gute Ergebnisse zu erzielen, darf man den Winkel γ nicht zu groß nehmen, denn sonst wird GH zu klein und für $\gamma = 90^0$ sogar $= 0$.

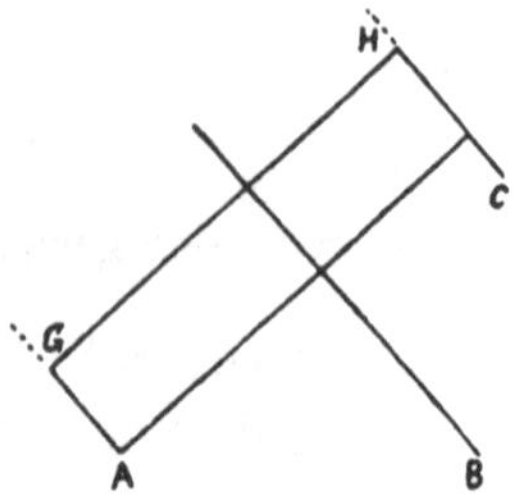

Fig. 5.

4. Um diesem Übelstande aus dem Wege zu gehen, kann man an drei festen Punkten, welche die Ecken eines annähernd gleichseitigen Dreiecks bilden, dauernd Beobachtungsposten einrichten. Dann wird man bei jeder Windrichtung wenigstens zwei geeignete Beobachtungspunkte haben.

II. Hin- und Rückfahrt im Windstrich.

Sobald das Luftschiff senkrecht über dem Punkt A angekommen ist, fährt es in der Richtung nach B; hier dreht es und fährt nach A zurück.

Es sei u_1 die absolute Geschwindigkeit bei der Hinfahrt, u_2 bei der Rückfahrt, t_1 und t_2 die zugehörigen Zeiten; dann hat man:

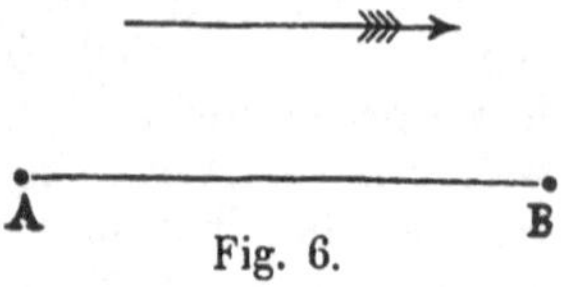

Fig. 6.

$$u_1 = v + w = \frac{d}{t_1}, \qquad u_2 = w - v = \frac{d}{t_2},$$

mithin:

$$2v = \frac{d}{t_1} - \frac{d}{t_2}, \quad v = \frac{1}{2} d \left(\frac{1}{t_1} - \frac{1}{t_2}\right), \quad v = \frac{u_1 - u_2}{2};$$

und andererseits:

$$2w = \frac{d}{t_1} + \frac{d}{t_2}, \quad w = \frac{1}{2} d \left(\frac{1}{t_1} + \frac{1}{t_2}\right), \quad w = \frac{u_1 + u_2}{2}.$$

In diesem Falle ist w gleich dem Mittel der beiden Geschwindigkeiten u_1 und u_2, aber keineswegs gleich der mittleren Geschwindigkeit

$$\frac{2d}{t_1 + t_2} = u'.$$

Ein Zahlenbeispiel möge den Unterschied dieser beiden Größen erläutern.

w = 40 Kilometer

v	t_1	t_2	u_1	u_2	$t_1 + t_2$	u'
0km	15m	15m	40km	40km	30m	40km
10	12	20	50	30	32	37.5
20	10	30	60	20	40	30
30	8.57	1h	70	10	1h 8.57m	17.5
40	7.50	∞	80	0	∞	0.

Die Anwendung ist dieselbe wie oben.

Dieses Verfahren hat den Nachteil, daß man die Windrichtung kennen muß. Allerdings hat ein Fehler in der Windrichtung, oder, richtiger, ein Fehler des Winkels zwischen Windrichtung und absoluter Geschwindigkeit, bis zu einer gewissen Grenze keinen sehr erheblichen Einfluß. Der Fehler nimmt ab mit der Differenz $w—u$. Beispielsweise veranlaßt ein Fehler um 15° bei Geschwindigkeiten von etwa 10 und 7 Meter einen Fehler für w von etwa 5%; für Geschwindigkeiten von 15 und 8 Meter aber wird der gleiche Fehler erst bei 30—35° Abweichung erreicht.

Immerhin erfordert dieses Verfahren eine Bestimmung der Windrichtung, und zudem sieht bei vorher eingerichteten Beobachtungsständen der Führer schlecht, welchen Weg er einschlagen muß.

Diese Übelstände umgeht man bei dem folgenden Verfahren:

III. Verfahren der Umfahrung eines geschlossenen polygonalen Umfanges.

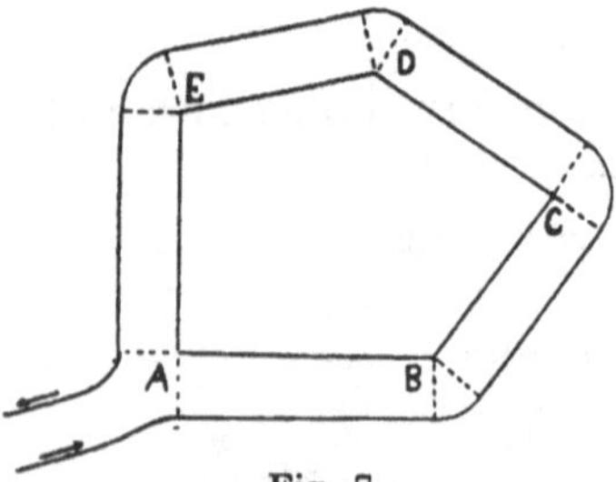

Fig. 7.

Prinzip. In den Ecken A, B, C, D, E eines Polygons richtet man Beobachtungsstände ein. Jeder von ihnen ist mit zwei Fernrohren oder Visiervorrichtungen versehen, welche nur in je einer, auf einer der anstoßenden Polygonseiten rechtwinkligen Ebene drehbar sind. Das Luftschiff muß auf der Außenseite des Polygons eine Anzahl von geradlinigen Strecken durchfahren, die den Polygonseiten parallel und untereinander durch beliebige Kurven verbunden sind. Die an den Polygonecken stehenden Beobachter notieren die Zeit seines Durchganges durch die Vertikalebenen, in welche ihre Visiervorrichtungen gestellt sind; dann erhält man die Zeiten, welche es gebraucht, um Strecken zu durchfahren, die den Polygonseiten AB, BC, CD usw. gleich sind, und hieraus die entsprechenden Geschwindigkeiten u_1, u_2, u_3, u_4. Wenn der Führer nicht parallel den Polygonseiten steuert oder gar Kurven beschreibt, so hat er den ihm daraus erwachsenden Schaden zu tragen. Dagegen rechnen die Verbindungskurven nicht mit.

Wir wollen einem solchen Polygon von Beobachtungsständen die spezielle Bezeichnung Aerodrom beilegen.

Schon die Beobachtung von drei „absoluten Geschwindigkeiten", also die Umfahrung eines Dreiecks, genügt, um die Windrichtung und -stärke sowie die Eigengeschwindigkeit berechnen zu können.

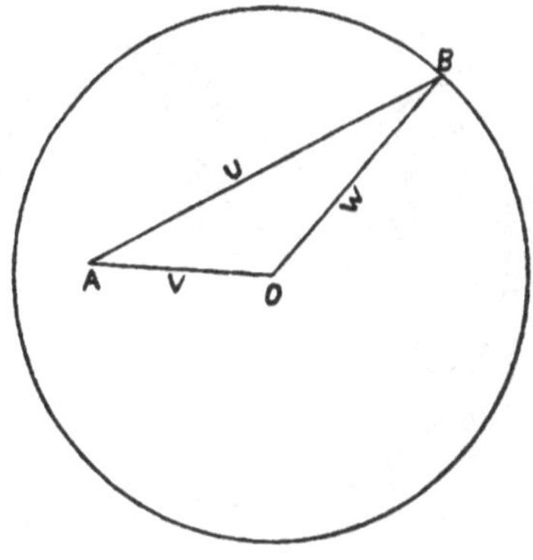

Fig. 8.

Der Beweis hierfür ist leicht zu führen.

Wir bedienen uns hierzu des Renardschen Kreises der zugänglichen Punkte; vorausgesetzt ist dabei vollkommene Lenkbarkeit, also $w > v$, der einzige Fall, der uns zu beschäftigen hat. Der Einfachheit halber bezeichnen wir den Kreis als Kreis der Geschwindigkeiten.

Es sei

$$AO = v,$$
$$OB = w,$$
$$AB = u;$$

wenn man drei absolute Geschwindigkeiten beobachtet und sie in der gefahrenen Richtung von A aus aufträgt, nämlich

u_1 in der Richtung AB_1,
u_2 in der Richtung AB_2 und
u_3 in der Richtung AB_3,

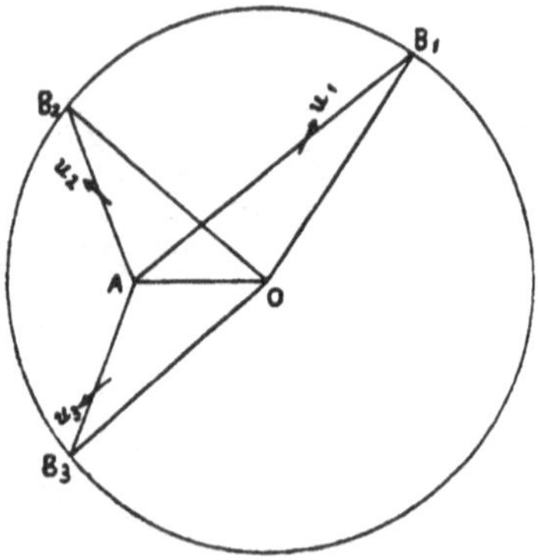

Fig. 9.

so liegen die Punkte B_1, B_2 und B_3 auf dem Kreise der Geschwindigkeiten, der v, w und dem von ihnen eingeschlossenen Winkel entspricht.

Schlagen wir dann den Kreis, der durch die Punkte B_1, B_2 und B_3 geht, und verbinden seinen Mittelpunkt O mit A, B_1, B_2 und B_3, dann gibt AO die Windgeschwindigkeit nach Richtung und Größe, die Radien OB_1, OB_2 und OB_3 den Wert der Eigengeschwindigkeit sowie die Richtungen, welche sie nacheinander hat annehmen müssen, um den Dreiecksumfang zu durchlaufen. Drei Beobachtungen der absoluten Geschwindigkeit nach Richtung und Größe genügen also zur Bestimmung von v und w. Weitere Beobachtungen sind überflüssig; die Pnnkte B_4, B_5 usw. müßten auf dem durch B_1, B_2 und B_3 gezogenen

Kreise liegen; ist dies nicht der Fall, so liegt es daran, daß während der Versuche die Richtung oder die Geschwindigkeit des Windes oder die Eigengeschwindigkeit sich geändert hat; alsdann ist die Prüfung zu verwerfen.

Geometrische Konstruktion und Rechnung gestatten stets, die Aufgabe zu lösen. Doch kann man durch Wahl eines passenden Polygons das Verfahren sehr vereinfachen.

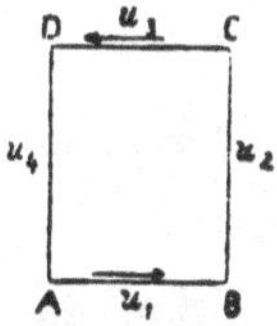

Fig. 10.

Wir schlagen ein Rechteck vor und wollen die absoluten Geschwindigkeiten, die auf den vier Seiten desselben gemessen sind, mit u_1, u_2, u_3 und u_4 bezeichnen.

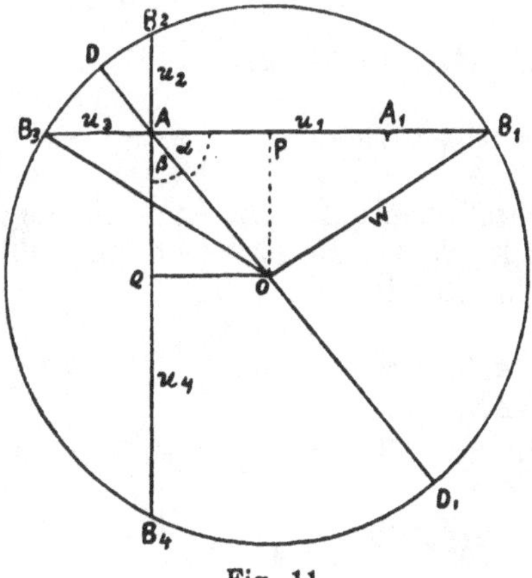

Fig. 11.

Es seien in Fig. 11 AB_1 und AB_3 die auf zwei gegenüberliegenden Seiten des Rechteckes gemessenen Geschwindigkeiten u_1 und u_3. Einfache geometrische Betrachtungen geben uns zwei Beziehungen zwischen den gemessenen absoluten Geschwindigkeiten und den Unbekannten v, w und α.

Trägt man auf B_1B_3 das Stück $B_1A_1 = AB_3$ ab, dann ist

$$AA_1 = u_1 - u_3.$$

Wenn man dann von O das Lot OP auf AA_1 fällt, dann ist

$$AP = \frac{AA_1}{2} = \frac{u_1 - u_3}{2}.$$

Nun ist aber auch

$$AP = AO \,.\, \cos \alpha = v \,.\, \cos \alpha,$$

mithin

$$(1) \qquad v \,.\, \cos \alpha = \frac{u_1 - u_3}{2}.$$

Ferner ist

$$AB_1 \,.\, AB_3 = AD_1 \,.\, AD$$

oder

$$(2) \qquad u_1 \,.\, u_3 = (w + v)(w - v) = w^2 - v^2.$$

Nunmehr errichtet man auf $B_1 B_3$ in A ein Lot, welches den Kreis in B_2 und B_4 schneidet, und fällt von O auf B_2B_4 das Lot OQ; dann ist

$$\begin{aligned} AB_2 &= u_2, \\ AB_4 &= u_4, \\ u_2 \,.\, u_4 &= u_1 \,.\, u_3. \end{aligned}$$

Ferner ist

$$\begin{aligned} AQ &= \frac{u_4 - u_2}{2}, \\ AQ &= AO \,.\, \cos \beta, \\ &= v \,.\, \cos \beta, \end{aligned}$$

folglich

$$v \cdot \cos\beta = \frac{u_4 - u_2}{2}$$

und da

$$\cos\beta = \sin\alpha,$$

$$v \cdot \sin\alpha = \frac{u_4 - u_2}{2}.$$

Wir hatten oben:

$$v \cdot \cos\alpha = \frac{u_1 - u_3}{2}.$$

Quadrieren und summieren wir diese beiden Gleichungen, so erhalten wir:

$$v^2 = \frac{(u_1 - u_3)^2 + (u_4 - u_2)^2}{4},$$

mithin

$$(3) \qquad v = \tfrac{1}{2} \sqrt{(u_1 - u_3)^2 + (u_4 - u_2)^2}.$$

Aus Gleichung (2) ergibt sich:

$$w^2 = v^2 + u_1 \cdot u_3,$$

$$= \frac{(u_1 - u_3)^2 + (u_4 - u_2)^2 + 4\,u_1\,u_3}{4},$$

$$= \frac{u_1^2 - 2u_1 \cdot u_3 + u_3^2 + u_4^2 - 2\,u_4 \cdot u_2 + u_2^2 + 4u_1 \cdot u_3}{4},$$

$$= \frac{u_1^2 + u_2^2 + u_3^2 + u_4^2}{4}$$

mithin

$$(4)\ w = \tfrac{1}{2} \sqrt{u_1^2 + u_2^2 + u_3^2 + u_4^2}.$$

Das Verfahren gipfelt also darin, nachzuweisen, daß $u_1 \cdot u_3 = u_2 \cdot u_4$ ist, und alsdann v und w nach den Gleichungen (3) und (4) zu berechnen.

Es vereinfacht sich noch weiter, wenn man das Aerodrom quadratisch macht.

Es sei noch darauf hingewiesen, daß neben der Eigengeschwindigkeit, deren Messung den eigentlichen Zweck des Verfahrens bildet, auch absolute Geschwindigkeiten bestimmt werden, welche das Publikum interessieren, und daß zugleich ein überaus seltenes und eigenartiges Schauspiel geboten wird.

Die Tabelle auf S. 137 enthält eine Reihe von Beispielen, welche die Einfachheit der Methode dartun.

Statt der Berechnung kann man auch g r a p h i s c h e D a r s t e l l u n g anwenden. Man trägt auf

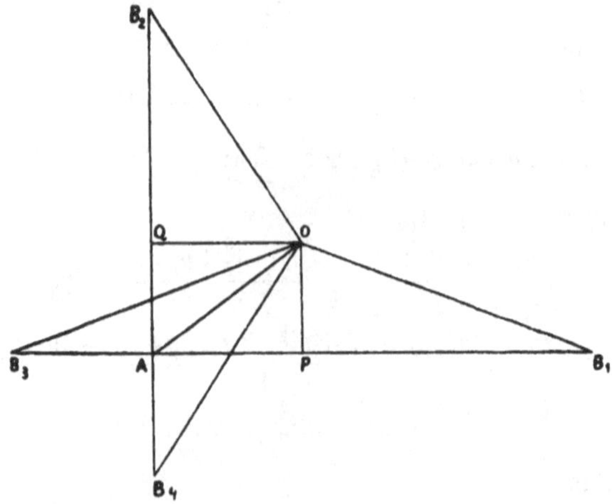

Fig. 12.

Tabelle.

Beispiele für die Berechnung der Eigengeschwindigkeit und der Windgeschwindigkeit.

	1.	2.	3.	4.	5.	6.	7.	8.	9.	10.
u_1	6	9	12	18	9	12	18	12	18	18
u_2	6	6	6	6	9	9	9	12	12	18
u_3	6	4	3	2	4	3	2	3	2	2
u_4	6	6	6	6	4	4	4	3	3	2
$u_1 \cdot u_3$	36	36	36	36	36	36	36	36	36	36
$u_2 \cdot u_4$	36	36	36	36	36	36	36	36	36	36
$u_1 - u_3$	0	5	9	16	5	9	16	9	16	16
$u_4 - u_2$	0	0	0	0	—5	—5	—5	—9	—9	—16
$(u_1 - u_3)^2$	0	25	81	256	25	81	256	81	256	256
$(u_4 - u_2)^2$	0	0	0	0	25	25	25	81	81	256
V = $\frac{1}{2}\sqrt{(u_1-u_3)^2+(u_4-u_2)^2}$	**0**	**2,50**	**4,50**	**8,00**	**3,54**	**5,15**	**8,38**	**6,37**	**9,18**	**11,32**
u_1^2	36	81	144	324	81	144	324	144	324	324
u_2^2	36	36	36	36	81	81	81	144	144	324
u_3^2	36	16	9	4	16	9	4	9	4	4
u_4^2	36	36	36	36	16	16	16	9	9	4
W = $\frac{1}{2}\sqrt{u_1^2+u_2^2+u_3^2+u_4^2}$	**6**	**6,50**	**7,50**	**10,00**	**6,96**	**7,90**	**10,31**	**8,75**	**10,96**	**12,81**

zwei sich rechtwinklig schneidenden Geraden von ihrem Schnittpunkt A aus die Stücke $AB_1 = u_1$, $AB_2 = u_2$, $AB_3 = u_3$ und $AB_4 = u_4$ ab und errichtet in der Mitte von B_1B_3, P, und von B_2B_4, Q, Lote; ihr Schnittpunkt O ist der Mittelpunkt des Kreises. Verbinden wir O mit A, B_1, B_2, B_3 und B_4, dann haben wir in AO den Wind nach Richtung und Geschwindigkeit (v), während $OB_1 = OB_2 = OB_3 = OB_4$ die Eigengeschwindigkeit w und die Richtungen darstellen, welche das Luftschiff hat einschlagen müssen, um die entsprechenden Rechteckseiten zu durchlaufen.

Bei der graphischen Darstellung kann man sich durch Verwendung quadrierten Papiers, bei der Rechnung durch vorbereitete Tafeln, insbesondere Tabellen der Quadrate und Wurzeln, die Arbeit außerordentlich erleichtern.

Die Anwendung eines quadratischen Aerodroms ist vorteilhaft, da sich dann — vorausgesetzt, daß $u_1u_3 = u_2u_4$ ist — die Eigengeschwindigkeit aus einfachen Zeitmessungen ergibt.

Abgesehen von der Berechnung der Eigengeschwindigkeit w ist auch die Bestimmung der mittleren Geschwindigkeit des Luftschiffes beim Umfahren des Quadrates lehrreich. Diese Geschwindigkeit ist nicht das Mittel der Geschwindigkeiten u_1, u_2, u_3 und u_4. Wir bezeichnen mit d die Länge der Quadratseiten, mit t_1, t_2, t_3 und t_4 die Zeiten, welche das Luftschiff gebraucht, um die vier Seiten zu durchfahren. Dann ist

$$u_1 = \frac{d}{t_1}, \quad u_2 = \frac{d}{t_2}, \quad u_3 = \frac{d}{t_3} \text{ und } u_4 = \frac{d}{t_4},$$

folglich das Mittel der vier Geschwindigkeiten

$$\frac{u_1 + u_2 + u_3 + u_4}{4} = \frac{d}{4}\left(\frac{1}{t_1} + \frac{1}{t_2} + \frac{1}{t_3} + \frac{1}{t_4}\right).$$

Dagegen ist die mittlere Geschwindigkeit

$$u = \frac{4\,d}{t_1 + t_2 + t_3 + t_4}.$$

Die Tabelle auf S. 140 und 141 enthält eine Reihe von Beispielen für die Berechnung des Mittels der Geschwindigkeiten und der mittleren Geschwindigkeit. Und zwar liegen der Berechnung folgende Annahmen zugrunde:

$w = 15$ m in der Sekunde $= 54$ km in der Stunde,
$d = 6000$ m.

Für v sind sechs verschiedene Werte, nämlich 0, $2._{50}$, $5._{00}$, $7._{50}$, $10._{00}$ und $12._{50}$ m in der Sekunde angenommen, und in jeder dieser sechs Rubriken für α, d. i. den Winkel zwischen der Windrichtung und der ersten Quadratseite, wiederum sechs verschiedene Werte, nämlich 0, 10, 20, 30, 40 und 50°.

Die Tabelle zeigt, daß die Lage des Quadrats zu der Windrichtung von geringem Einfluß auf die absolute Geschwindigkeit ist. Man kann deshalb die Bewerber ebenso gut nach absoluter wie nach eigener Geschwindigkeit vergleichen, und es ist durchaus gerecht, die Preise nach Maßgabe der absoluten Geschwindigkeiten zuzuerkennen.

Mittel der Geschwindigkeiten und mittlere Geschwindigkeit.

v	α	u_1	u_2	u_3	u_4	Mittel der Geschwindigkeiten	t_1	t_2	t_3	t_4	Σt	Mittlere Geschwindigkeit
						$\frac{\Sigma u}{4}$	$\frac{6000}{u_1}$	$\frac{6000}{u_2}$	$\frac{6000}{u_3}$	$\frac{6000}{u_4}$		$\frac{24000}{\Sigma t}$
0	0	15	15	15	15	**15**	400	400	400	400	1600	**15**
	10	15	15	15	15	**15**	400	400	400	400	1600	**15**
	20	15	15	15	15	**15**	400	400	400	400	1600	**15**
	30	15	15	15	15	**15**	400	400	400	400	1600	**15**
	40	15	15	15	15	**15**	400	400	400	400	1600	**15**
	50	15	15	15	15	**15**	400	400	400	400	1600	**15**
2,50	0	17,50	14,79	12,50	14,79	**14,90**	343	411	480	411	1645	**14,59**
	10	17,45	14,40	12,55	15,20	**14,90**	344	417	478	395	1634	**14,69**
	20	17,36	14,04	12,60	15,60	**14,90**	346	427	476	385	1634	**14,69**
	30	17,20	13,72	12,75	15,97	**14,91**	349	437	471	376	1633	**14,70**
	40	16,95	13,40	12,90	16,35	**14,90**	354	448	465	367	1634	**14,69**
	50	16,65	13,15	13,15	16,65	**14,90**	361	456	456	361	1634	**14,69**

5,00	0	20,00	14,15	10,00	14,15	**14,58**	300	424	600	424	1748	**13,73**
	10	19,90	13,40	10,05	14,88	**14,55**	302	448	597	403	1750	**13,72**
	20	19,68	12,70	10,15	15,70	**14,55**	305	472	591	382	1750	**13,72**
	30	19,27	12,09	10,35	16,54	**14,55**	311	496	580	363	1750	**13,72**
	40	18,80	11,54	10,60	17,32	**14,56**	319	520	566	352	1757	**13,66**
	50	18,12	11,00	11,00	18,12	**14,56**	331	545	545	331	1752	**13,70**
7,50	0	22,50	12,99	7,50	12,99	**14,00**	267	462	800	462	1991	**12,05**
	10	22,36	11,87	7,55	14,25	**14,01**	270	505	795	421	1991	**12,05**
	20	21,95	10,88	7,70	15,50	**14,01**	273	552	779	387	1991	**12,05**
	30	21,28	10,04	7,95	16,85	**14,03**	282	598	755	356	1991	**12,05**
	40	20,37	9,32	8,30	18,15	**14,04**	295	644	723	331	1993	**12,04**
	50	19,33	8,75	8,75	19,33	**14,04**	310	686	686	310	1992	**12,05**
10,00	0	25,00	11,18	5,00	11,18	**13,09**	240	537	1200	537	2514	**9,55**
	10	24,80	9,74	5,05	12,87	**13,12**	242	616	1188	466	2512	**9,55**
	20	24,29	8,53	5,16	14,70	**13,17**	247	703	1163	408	2521	**9,52**
	30	23,20	7,50	5,40	16,63	**13,18**	259	800	1111	361	2531	**9,48**
	40	21,88	6,77	5,70	18,51	**13,22**	274	886	1053	324	2537	**9,46**
	50	20,28	6,18	6,18	20,28	**13,23**	296	971	971	296	2534	**9,47**
12,50	0	27,50	8,29	2,50	8,29	**11,65**	218	724	2400	724	4066	**5,90**
	10	27,25	6,55	2,52	10,50	**11,71**	220	916	2381	571	4088	**5,87**
	20	26,40	5,27	2,60	13,05	**11,83**	227	1139	2308	460	4134	**5,81**
	30	25,03	4,37	2,75	15,75	**11,98**	240	1375	2182	381	4178	**5,74**
	40	23,18	3,73	2,97	18,44	**12,08**	259	1609	2020	325	4213	**5,70**
	50	20,95	3,29	3,29	20,95	**12,12**	286	1881	1881	286	4334	**5,54**

Schlußergebnis.

Als Regel soll gelten, daß die Prüfungen der Geschwindigkeit nach Möglichkeit auf einem quadratischen Aerodrom stattfinden und für die Zuerteilung der Preise die Eigengeschwindigkeit maßgebend ist. Indessen kann man auch nach absoluter Geschwindigkeit bewerten, doch nur unter der Voraussetzung, daß $u_1 . u_3 = u_2 . u_4$ ist; auch ist in diesem Falle immer die Eigengeschwindigkeit zu berechnen und einzutragen.

Prüfungen des Leistungswertes.

Diese Prüfungen können zum Gegenstande haben:

1. Fahrtdauer; hierbei kommt es darauf an, unter beständiger Einhaltung einer Eigengeschwindigkeit, die ein vorgeschriebenes Minimum erreicht oder überschreitet, eine möglichst lange Fahrtdauer zu erzielen;
2. Eigengeschwindigkeit; es muß innerhalb eines vorgeschriebenen Zeitraumes eine möglichst große mittlere Eigengeschwindigkeit angestrebt werden;
3. Fahrtstrecke im Verhältnis zu der — als unbewegt gedachten — umgebenden Luft; man muß versuchen, gegenüber der — als unbewegt gedachten — umgebenden Luft eine möglichst große Strecke zurückzulegen; mit dieser Prüfung können solche der Eigengeschwindigkeit oder der Fahrtdauer verbunden werden;
4. Verbrauch für Zeit- oder Streckeneinheit (Stunde, Kilometer) bei vorgeschriebenem Eigengeschwindigkeitsminimum.

Die vorstehend bezeichneten Prüfungen dienen dazu, die von äußeren Einwirkungen (Wind) unabhängigen Eigenschaften der Luftfahrzeuge festzustellen.

Man kann außerdem Prüfungen veranstalten, welche in absoluten Ortsveränderungen praktische Ergebnisse erkennen lassen; diese können zum Gegenstande haben:

5. Fahrtdauer längs vorgeschriebenem Wege;
6. mittlere Nutzgeschwindigkeit längs vorgeschriebenem Wege;
7. zurückgelegte Strecke, gemessen am Erdboden, längs vorgeschriebenem Wege;
8. Verbrauch für je 1 Stunde oder 1 km, längs vorgeschriebenem Wege.

Bei allen diesen Prüfungen kann man

a) Stillstand des Motors, Zwischenlandungen und Fahrtmittelergänzung untersagen,

b) Stillstand des Motors erlauben, Zwischenlandungen und Fahrtmittelergänzung aber untersagen,

c) Stillstand des Motors und Zwischenlandung erlauben, Fahrtmittelergänzung aber untersagen, oder endlich

d) Stillstand des Motors, Zwischenlandungen und Fahrtmittelergänzung sämtlich erlauben.

Man darf bei allen diesen Prüfungen Abfahrts- und Landungsmanöver nur unter der Bedingung einschalten, daß zwischen einer Abfahrt und der darauf folgenden Landung mindestens zwei Stunden verstreichen. Andernfalls sind sie streng zu untersagen. Eine Verpflichtung zur Einschaltung solcher Manöver darf niemand auferlegt werden.

Die erste Prüfung — Fahrtdauer mit Eigengeschwindigkeitsminimum — kann auf verschiedene Art ausgeführt werden. Man kann erstens ein Aerodrom mehrere Male hintereinander durchlaufen lassen; sodann kann man zunächst auf einem Aerodrom die Eigengeschwindigkeit feststellen und hiernach die Prüfung auf einer langen Strecke fortsetzen, wobei mit Hilfe eines versiegelten Registrierinstrumentes der Nachweis erbracht werden muß, daß die Geschwindigkeit des Propellers in keinem Augenblick geringer ist als während des ersten Teiles der Prüfung; ferner kann man eine lange Strecke durchlaufen lassen und dabei durch Registrierapparat feststellen, daß die Geschwindigkeit des Propellers keinen Augenblick unter den Wert hinabgeht, der einer auf dem Aerodrom vorher gemessenen Eigengeschwindigkeit entspricht; und endlich kann man beim Durchfahren einer langen Strecke die Eigengeschwindigkeit unmittelbar messen.

Bei der zweiten und dritten Prüfung (größte mittlere Eigengeschwindigkeit während einer bestimmten Zeit, Fahrtstrecke) muß man, wenn man sie nicht auf einem Aerodrom, sondern auf einer langen Strecke zur Ausführung bringt, ununterbrochen oder doch in ganz kurzen Zwischenräumen Messungen vornehmen.

Für die vierte Prüfung gelten die gleichen Bedingungen wie für die erste.

Die vier letzten können auf einem Aerodrom stattfinden; doch ist es viel lehrreicher, sie auf einer langen Strecke zur Ausführung zu bringen. Im letzteren Falle ist der vorgeschriebene Weg durch genügend weit voneinander entfernte Punkte zu kennzeichnen; das Luftschiff muß die Fahrt über diese Punkte nachweisen, ist aber in seinen Bewegungen von einem Punkt bis zum nächstfolgenden völlig frei.

Als Nachweis für die Fahrt über die vorgeschriebenen Punkte dient entweder eine Zwischenlandung auf einem hierfür bezeichneten Platze oder einfach die Bestimmung des Zeitpunktes der Durchfahrt zwischen zwei Beobachtungsständen, welche zu beiden Seiten des vorher festgesetzten Punktes liegen. Nach dem oben [1]) aufgestellten Grundsatze versteht es sich von selbst, daß Zwischenlandungen nicht öfter als alle zwei Stunden verlangt werden können.

Prüfungen der Manövrierfähigkeit.

Diese Prüfungen können unendlich mannigfaltig sein, und es ist ratsam, daß ihr Programm zuvor der Sportkommission unterbreitet wird.

Im großen und ganzen haben sie darin zu bestehen, daß die Luftschiffe von einem bestimmten Platze abfahren und nach Erfüllung gewisser Aufgaben dahin zurückkehren oder ein anderes gleichfalls vorher bezeichnetes Ziel aufsuchen.

Solche Aufgaben können sein:

a) Erreichung einer vorgeschriebenen Höhe,

b) Erreichung verschiedener vorgeschriebener Höhen in einer bestimmten Reihenfolge,

c) Fahrt zwischen zwei vorgeschriebenen Höhengrenzen innerhalb eines festgesetzten Zeitraumes,

d) Überfliegen einer oder mehrerer Linien, an deren Endpunkten Beobachtungsstände eingerichtet sind,

e) Umfahrungen von Beobachtungsständen; diese können fest oder durch Fessel-, Frei- oder Lenkballons dargestellt sein.

Man kann außerdem eine Menge anderer Aufgaben zusammenstellen.

Die Preise können verliehen werden z. B. für kürzesten Zeitraum zwischen Abfahrt und Landung, oder für genaueste Einhaltung der Bestimmungen, die sich auf den Zeitpunkt oder den Ort der Landung beziehen.

---

[1]) S. 143, Z. 21 ff.

Die Prüfungen der Manövrierfähigkeit sollen grundsätzlich von kurzer Dauer sein und nicht in Prüfungen der Eigengeschwindigkeit umgewandelt werden. Wenn indessen die Veranstaltung eine Eigengeschwindigkeitsmessung gestattet, so soll sie ausgeführt und ihr Ergebnis der Sportkommission mitgeteilt werden.

Allgemeine Bemerkungen.

Da zu den Geschwindigkeitsprüfungen die Luftschiffe sich mit eigenen Mitteln nach dem Aerodrom begeben müssen, so bedarf es für die hieran teilnehmenden Bewerber keines besonderen Beweises ihrer Befähigung.

Anders ist es mit den Prüfungen des Leistungswertes und der Manövrierfähigkeit. Hierzu sollten Luftschiffe nur dann zugelassen werden, wenn ihre Eigengeschwindigkeit zuvor in einer eigens zu diesem Zweck veranstalteten Prüfung festgestellt worden ist. Ja, man könnte sogar diese Prüfungen solchen Luftschiffen vorbehalten, die ein vorgeschriebenes Minimum an Eigengeschwindigkeit erreicht oder überschritten haben.

NACHTRAG:

Reglement
des
aeronautischen Gordon-Bennett-Preises.

Artikel 1. Der Aéro-Club de France hat von Herrn James Gordon-Bennett die Verteilung folgender Preise nach den weiterhin stehenden Bestimmungen übernommen:

a. Ein Kunstgegenstand im Werte von 12 500 Francs, um welchen der I. L.-V. einen internationalen aeronautischen Wettbewerb unter folgenden Bedingungen zu veranstalten hat:

Dem Fortschritt der Luftschiffahrt entsprechend ist der Wettbewerb von der ersten Preisausschreibung an für jede Art von Luftfahrzeugen nach Wertung seitens des I. L.-V. offen, auch für die Lenkbaren; der Preis wird auf dem Wege internationaler Herausforderung nach dem von dem I. L.-V. besonders anerkannten vorliegenden Reglement, das nur durch ihn selbst prüfbar ist, bestritten. Zum erstenmal findet der Wettbewerb von Paris aus statt, unter Leitung des Aéro-Club de France, der die ersten Herausforderungen entgegenzunehmen hat.

b. Dem I. L.-V. gegenüber besteht die Verpflichtung, vor jedem der drei ersten Preisbewerbe eine Summe von 12 500 Francs bei dem mit der Veranstaltung beauftragten Verband bezw. Klub des I. L.-V. zu hinterlegen; diese ist in bar als Belohnung für den Bewerber aufzubewahren, der seinen Verband bezw. Klub zum Inhaber gemacht oder ihm den Preis erhalten hat.

Die Art des Wettbewerbs.

Artikel 2. Der Wettbewerb soll in einer Weitfahrt bestehen; diese kann jedoch, wenn die Witterungsverhältnisse es erfordern, durch Entscheidung der Sportkommissare, die bis zum Augenblick der Abfahrt die etwaige Umänderung ausschließlich zu bestimmen haben, in eine Dauerfahrt umgewandelt werden.

Die Art der Fahrzeuge.

Artikel 3. Der Wettbewerb ist offen für alle Freiballons, die nach dem allgemeinen Reglement des I. L.-V. zur dritten, vierten und fünften Klasse[1]) gehören, und für Lenkbare, für letztere unter der Bedingung, daß sie sich vorher über ihre Manövrierfähigkeit ausweisen. Falls der Inhaberklub andere Klassen zulassen will, muß er dazu die Ermächtigung des I. L.-V., der diese Zulassungsbedingungen zu regeln hat, vor dem 1. April einholen. Die Frage, ob auch andere Luftfahrzeuge als Freiballons und Lenkbare zugelassen werden sollen, muß innerhalb derselben Frist von dem I. L.-V. entschieden sein.

Befähigungsnachweis der Bewerber.

Artikel 4. Jeder Verband und Klub des I. L.-V. ist berechtigt, den Inhaberverband bezw. klub wegen des Preises herauszufordern. Die Tatsache einer Herausforderung allein legt dem Verband oder Klub im Falle

---

1) S. S. 48.

seines Sieges die Verpflichtung auf, den nächsten Wettbewerb zu veranstalten.

Artikel 5. Jeder berechtigte Verband oder Klub, der um den Preis mit dem Inhaber-Klub kämpfen will, muß letzterem diese Absicht vor dem 1. Februar durch einen an dessen Vorsitzenden zu richtenden eingeschriebenen Brief bekannt geben. Dieser Brief, dem 500 Francs für jeden Bewerber beizufügen sind, hat den Charakter einer Verpflichtung. Von der gesamten Summe werden so viel mal 250 Francs zurückbezahlt als Bewerber von dem herausfordernden Verband oder Klub teilgenommen haben.

Artikel 6. Für jedes Jahr kann ein Verband oder Klub höchstens drei Bewerber aufstellen; gleichzeitig kann er für jeden konkurrierenden Ballon einen Stellvertreter ernennen.

Artikel 7. Die in den Wettbewerb tretenden Führer und ihre Stellvertreter sollen grundsätzlich die Staatsangehörigkeit des Verbandes oder Klubs, der sie konkurrieren läßt, oder eines im I. L.-V. nicht vertretenen Landes besitzen. Spätestens 2 Monate vor dem Zeitpunkt des Wettbewerbs müssen sie namentlich bezeichnet sein.

Zeitpunkt und Ort des Wettbewerbs.

Artikel 8. Zwischen dem 1. April und dem 15. November jedes Jahres wird um den Preis gekämpft. Vor dem 1. März muß von dem Inhaberverband bezw. -klub der Zeitpunkt bestimmt werden.

Artikel 9. Der Wettbewerb muß im Lande des Inhaberverbandes bezw. -klubs stattfinden. Wenn indessen infolge höherer Gewalt, welche der I. L.-V. anerkennt, der Inhaberverband bzw. -klub nicht in der

Lage sein sollte, seinen Verpflichtungen wegen der Veranstaltung des nächsten Wettbewerbes nachzukommen, so soll sie von dem Verband bzw. dem Klub, der vorher Inhaber war, in die Hand genommen werden. Falls dieser Verband bzw. Klub sich weigert, muß der Preis in Frankreich ausgefochten werden.

Veranstaltung des Wettbewerbs.

Artikel 10. Die Sportkommission des Inhaberklubs wird mit der Veranstaltung des Wettbewerbs nach den hierfür erlassenen Bestimmungen betraut; in welchem Lande aber auch immer der Wettbewerb stattfindet, eines der Mitglieder der Sportkommission muß immer der Sportkommission des französischen Aero-Klubs entnommen werden.

Artikel 11. Falls die Zahl der Bewerber für die verfügbaren Geldmittel des Inhaberklubs zu beträchtlich wird, so hat dieser das Recht zur Beschränkung und zu Ausschließungsmaßregeln; über die Zulassung entscheidet alsdann das Los.

Artikel 12. Die Reihenfolge der eingeschriebenen Verbände bzw. Klubs wird durch das Los bestimmt. Die Aufstiege sollen in folgender Ordnung stattfinden: ein Ballon des durch das Los zuerst gezogenen Landes, ein Ballon des durch das Los an zweiter Stelle gezogenen Landes usw.; wenn dann die Zahl der vertretenen Länder erschöpft ist: ein zweiter Ballon des ersten Landes, ein zweiter Ballon des zweiten Landes usw.

Diese Anordnung der Aufstiege läßt sich in den im Artikel 11 vorgesehenen Fällen natürlich nicht einhalten.

Artikel 13. Das Füllgas muß den Bewerbern durch den Inhaberverband bzw. -klub zu demselben

Preise wie bei seinen eigenen Fahrten geliefert werden. Alle Ballons müssen mit Gas derselben Herkunft gefüllt werden, die Lenkbaren immer mit reinem Wasserstoffgas.

Artikel 14. Die Kosten der Veranstaltung des Wettbewerbes werden immer von dem Inhaberklub getragen.

Zuerteilung des Preises.

Artikel 15. Die Sportkommission der in dem Inhaberlande maßgebenden aeronautischen Vereinigung hat den Preis zuzuerteilen. Der Preis muß spätestens einen Monat nach dem Wettbewerb zugesprochen und spätestens einen Monat nach der Zusprechung dem neuen Inhaberklub zugestellt werden.

Artikel 16. Der von dem I. L.-V. anerkannte Verband bezw. Klub, dessen Mitglied den Preis gewonnen hat, gilt als Inhaber.

Artikel 17. Ein Verband bzw. Klub kann nur dann Besitzer des Preises werden, wenn er aus drei aufeinander folgenden Wettbewerben als Sieger hervorgegangen ist. Andernfalls ist er eben nur Inhaber gemäß den obengenannten Bedingungen. Der Preis wird endgültiges Eigentum des Inhaberklubs, wenn er fünf Jahre hindurch nicht bestritten worden ist.

Artikel 18. Falls nur ein einziges Land beim Start vertreten ist, also auch dann, wenn der Inhaberverband bzw. -klub sich vom Wettbewerb fernhält, soll ihm der Preis dennoch bleiben, wenn die durchflogene Entfernung oder die Fahrtdauer nicht wenigstens 75 % der vom Inhaberverband bzw. -klub erzielten Leistung betrug. Dieser Betrag wird, wenn der Inhaberverband bzw. -klub auch im zweiten Jahre auf die Verteidigung verzichtet, auf 50 und im dritten Jahr auf 25% herabgesetzt. Enthält er sich drei Jahre hindurch der Verteidigung, so kommen seine Ansprüche auf den Preis vollständig in Wegfall.

Wenn die Vertreter des Verbandes oder Klubs, welcher bei Verzichtleistung der anderen an dem Wettbewerb teilnimmt, eine Dauer- oder eine Weitfahrt machen, während eine Fahrt unter den umgekehrten Bedingungen den herausgeforderten Verband bzw. Klub zum Inhaber des Preises gemacht hatte, so ist jede Stunde für 40 Kilometer oder umgekehrt 40 Kilometer für eine Stunde zu rechnen.

Artikel 19. Der Inhaberverband bzw. -klub, der nicht mitkonkurriert und dem der Preis inzwischen nicht abgewonnen worden ist, obgleich ein Wettbewerb stattgefunden hat, wird doch deswegen als erneuter Gewinner des Preises nicht betrachtet.

Artikel 20. Im Fall eines Einspruches oder einer Berufung wird der Preis, den Bestimmungen des I. L.-V. gemäß, bis zur Entscheidung des Falles in den Händen des herausgeforderten Klubs belassen.

Artikel 21. Wenn der Inhaberklub sich auflöst, fällt der Preis an den Landesverband zurück, wenn ein solcher nicht vorhanden ist, an den I. L.-V., und falls letzterer nicht besteht, an Gordon-Bennett.

Nebenpreise.

Artikel 22. Neben den drei von Gordon-Bennett gestifteten Prämien von 12500 Franken (s. Artikel 1) und den etwa gebotenen anderen Preisen werden die Nenn- und Reugelder folgendermaßen zwischen den

Bewerbern verteilt: dem Ersten die Hälfte, dem Zweiten ein Drittel und dem Dritten der Rest.

Artikel 23. Jeder Verband bzw. Klub, der Preisinhaber wird, verpflichtet sich, die vorliegenden Bestimmungen zu befolgen und sich in einem unvorhergesehenen Falle den Gesamtbestimmungen des I. L.-V. über Wettbewerbe unterzuordnen.
